Das Seelenleben
der Samtpfoten

Das Seelenleben der Samtpfoten

Katzen verstehen
mit Petra Twardokus

Müller Rüschlikon

Einbandgestaltung: Dos Luis Santos

Titelbild: Sylvia Born (großes Foto), Gabriele Metz (kleines Foto)

Bildnachweis: Helena Dbalý: S. 115, Gabriele Metz, www.gabriele-metz.de:
S.8, 164 sowie Umschlagrückseite.
Alle übrigen Fotos wurden von Sylvia Born erstellt, www.sylviaborntierfoto.de.

Die in diesem Buch enthaltenen Hinweise und Ratschläge beruhen auf jahrelang gemachten Erfahrungen und gesammelten Erkenntnissen in praktischer und theoretischer Arbeit mit Katzen. Alle Angaben wurden gründlich geprüft. Eine Haftung der Autorin oder des Verlages und seiner Beauftragten für Personen-, Tier-, Sach- und Vermögensschäden ist ausgeschlossen.

ISBN 978-3-275-01761-4

Ein Unternehmen der Paul Pietsch Verlage GmbH & Co. KG
Lizenznehmer der Bucheli Verlags AG, Baarerstr. 43, CH-6304 Zug
1. Auflage 2010

Sie finden uns im Internet unter www.mueller-rueschlikon-verlag.de

Redaktion: Claudia König
Innengestaltung: grafik + design Erlewein, Stuttgart-Freiberg
Druck und Bindung: KoKo Produktionsservice, 70900 Ostrava
Printed in Czech Republic

Inhalt

Liebe Katzenhalterin, Lieber Katzenhalter,

ich möchte Ihnen in meinem neuen Buch eine Reihe interessanter Fälle aus meiner Praxis vorstellen. Vielleicht hilft Ihnen der ein oder andere beschriebene Fall dabei, das Verhalten Ihrer Katze besser zu verstehen.

In meinem Beruf als Tierpsychologin geht es nämlich in erster Linie um Aufklärung. Bei vielen Katzenhaltern entstehen Probleme, da sie die Bedürfnisse, Ansprüche und normalen Verhaltensweisen ihrer Katzen nicht wirklich zu kennen scheinen.

Mit dem entsprechenden Wissen lassen sich Probleme jedoch vermeiden oder ganz leicht beheben. Ziel jedes Katzenhalters sollte es sein, zu verstehen, was in seiner Katze vorgeht, warum sie sich so verhält und was sie damit ausdrücken möchte. Er sollte ihre Bedürfnisse kennen, um darauf eingehen zu können, damit sie sich bei und mit ihm wohl fühlen kann. Er verurteilt dann ein unerwünschtes Verhalten seiner Katze nicht, sondern weiß, dass sie damit etwas zum Ausdruck bringen möchte.

Einen mir sehr wichtigen Punkt möchte ich an dieser Stelle ansprechen. Es geht um die leider immer noch gängige Praxis, stets von Katzenbesitzern zu sprechen. Eine Katze ist jedoch ein Lebewesen, das man somit nicht besitzen kann. Bei der Verwendung dieses Begriffs ist aus meiner Sicht ein Umdenken notwendig. Das würde sicherlich das Leben vieler Katzen einfacher und angenehmer machen. Dann würde vielleicht weniger von ihnen erwartet, wie ein gekaufter Gegenstand gefälligst immer »richtig zu funktionieren«. Es würde mich wirklich sehr freuen, wenn alle Leser meiner Bücher ebenso wie meine Klienten und Fernlehrgangs- sowie Fernkursteilnehmer nur noch von Tierhaltern sprechen würden, denn dann könnte dies immer weitere Kreise ziehen. Sie sehen, jeder kann bei sich selbst beginnen und letztendlich viel bewirken.

Durch dieses Buch erhoffe ich mir, dass mehr Menschen bereit sind, sich bei auftretenden Problemen Hilfe für sich und ihre Katze(n) zu suchen. Es gibt für jedes Problem eine Lösung, man muss sie nur finden und die empfohlene Vorgehensweise auch entsprechend umsetzen. Keine Katze hat es verdient, bei Problemen einfach abgegeben zu werden, ohne dass zuvor wirklich alles zur Lösung der Situation versucht wurde.

Eine Tierpsychologin oder Verhaltenstherapeutin ist natürlich keine »Zauberin«, wenn ich auch schon so bezeichnet wurde. Es ist immer der Mensch selbst gefragt, wenn es darum geht, Dinge zu verändern oder zu verbessern. Eine Verhaltenstherapeutin macht nichts anderes, außer Empfehlungen auszusprechen. Umgesetzt werden müssen diese von jedem Katzenhalter selbst.

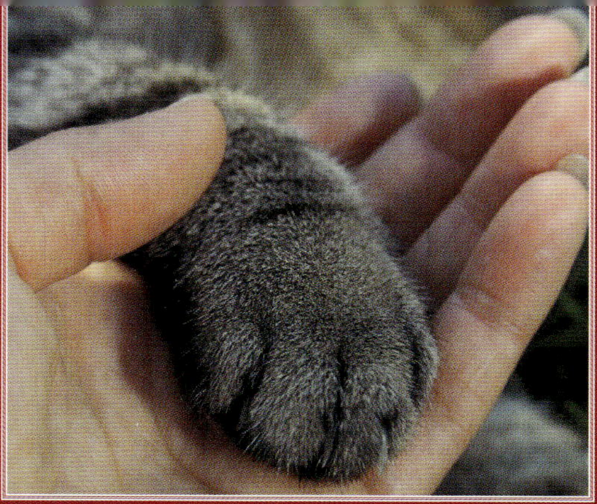

Das bedeutet, dass ich Ihnen nicht den Sitz des Knopfes verraten kann, den Sie bei Ihrer Katze drücken müssen, damit sie so »funktioniert«, wie Sie es gerne hätten. Ich möchte an dieser Stelle betonen, dass es keine Patentrezepte gibt, obwohl sich das viele Katzenhalter erhoffen. Jede Katze ist wie jeder Mensch ein Individuum, hat ihre eigenen Gründe für ein bestimmtes Verhalten, reagiert in ihrer eigenen Weise auf entsprechende Umstände und braucht eine ganz individuelle, allein auf sie abgestimmte Therapie.

Eine gut und professionell arbeitende Katzenpsychologin kann Ihnen darum nicht mal eben eine Therapieempfehlung geben, ohne diesen besonderen Fall vorher genau analysiert und von allen Seiten durchleuchtet zu haben. Anders würde sie der Katze nämlich gar nicht gerecht, weil diese, auch wenn es scheinbar dieselben Gründe und Umstände sind wie bei der Nachbarskatze, an einer ganz anderen Stelle und in einer ganz anderen Weise Unterstützung braucht. Ziel ist immer, die Lebensumstände für die Katze erträglicher und angenehmer zu machen, oder ein Verhalten in andere Bahnen zu lenken, damit die Katze von sich aus die unerwünschte Verhaltensweise gar nicht mehr braucht. Sie benutzt diese nämlich nur aus einem inneren Druck heraus, um etwas zu kompensieren, da sie sich nicht anders zu helfen weiß.

Es kann auch sein, dass dieses entsprechende Verhalten aus ihrer kätzischen Sicht völlig normal ist, wie beispielsweise das Urinieren an bestimmten Stellen in der Wohnung, um Duftbotschaften für andere Katzen zu hinterlassen.
Für uns Menschen ist dieses Verhalten natürlich nicht akzeptabel, sodass wir ihr helfen müssen, dass dieses Bedürfnis, das meist aufgrund von Unsicherheit auftritt, gar nicht mehr entsteht.

Natürlich kann ich die Halter der Katzen verstehen, aber ich versuche mich in erster Linie in die Katze hineinzuversetzen, um ihr Verhalten nachvollziehen zu können. Nur dann weiß ich, wo und in welcher Form diese Katze Unterstützung braucht.

Viele Katzenhalter interpretieren ein Verhalten völlig verkehrt, meinen irrtümlicherweise, die Katze hätte alles, was sie brauche, oder unterstellen ihr, dass sie etwas aus Böswilligkeit tut, was niemals (!) der Fall ist.
Katzen dürfen nicht vermenschlicht werden, was einschließt, dass ihnen keine menschlichen Beweggründe für ein Verhalten unterstellt werden dürfen, denn damit würde man ihnen bitter Unrecht tun.

Obwohl Katzen sehr intelligente Wesen sind, darf man von ihnen auch keine menschliche Logik erwarten. Woher soll eine Katze wissen, dass sie im Haus keine Duftschwelle mit Urin setzen muss, weil die fremden Katzen von draußen oder der Nachbarshund gar nicht hereinkommen können? Ich weiß natürlich, dass man bei seinen eigenen Katzen häufig viel zu sehr in die Umstände verstrickt ist, um etwas, was eigentlich ganz klar und eindeutig ist, erkennen zu können. Darum gibt es Fachleute wie mich, die von außen alles neutraler und viel leichter einschätzen können.

Übrigens fällt mir immer wieder auf, dass sich der Spruch »nomen est omen« tatsächlich sehr häufig bewahrheitet. Wenn ein Kater Rambo oder Rocky heißt, verhält er sich häufig auch so, eine weibliche Katze namens »Teufel« machte ihrem Namen ebenfalls alle Ehre. Ich frage mich immer wieder, warum Menschen ihren Tieren solche Namen geben. Jedenfalls brauchen sie sich dann nicht zu wundern, wenn dieser zu einer selbsterfüllenden Prophezeiung wird. Ich habe in manchen Fällen wirklich schon empfohlen, es einmal mit einem anderen Namen, und sei es mit einem Kosenamen, zu versuchen.

Bei den beschriebenen Fällen wurden aus Datenschutzgründen und um Verwechslungen zu vermeiden, die Namen der Halter abgekürzt und die Namen der Katzen teilweise geändert. Die Fotos zeigen Modelle und illustrieren das Gesagte, sie stellen nicht die Katzen dar, von denen hier die Rede ist.

Im Gegensatz zu meinen beiden ersten Büchern *»Coaching für Katzenhalter«* und *»Katzen in die Seele schauen«* gewähre ich in diesem Buch Einblicke in meine Arbeit und verrate Ihnen, was ich so alles erlebe. Die beschriebenen Fälle sollen Ihnen zeigen, wie sich Verhaltensauffälligkeiten genau äußern, um auf diese Weise Ihre eigene(n) Katze(n) besser verstehen zu lernen.

Ich wünsche Ihnen viel Freude bei der Lektüre und wertvolle Erkenntnisse, die Ihnen einen Einblick in das Seelenleben Ihrer Samtpfote gewähren.

Alles Liebe und Gute

Kapitel 1 | Warum Katzen sich auffällig verhalten

Bei manchen Verhaltensauffälligkeiten von Katzen wie Unsauberkeit oder allgemeine Nervosität ist die Verbindung zu Ereignissen im unmittelbaren Umfeld sowie dem problematischen Verhalten nicht immer offensichtlich und manchmal nur schwer oder gar nicht auszumachen. Als Ursache für die meisten Verhaltensauffälligkeiten gibt es jedoch eine bestimmte Problemsituation sowie einen entsprechenden Zusammenhang mit dem Umfeld und den Bedingungen, unter denen dieses Verhalten immer wieder auftaucht.

Faktoren für Verhaltensauffälligkeiten können psychischer Art sein und sich äußern in Form von:

- Stress
- Angst
- Depression
- Frust
- Langeweile
- Eifersucht

Verhaltensauffälligkeiten können körperliche Gründe haben und ausgelöst werden durch:

- Schmerzen
- Erkrankungen
- Allergien

Verhaltensauffälligkeiten können ebenso entstehen durch:

- mangelnde Sozialisation
- unzureichende Haltungsbedingungen
- Veränderungen im Umfeld

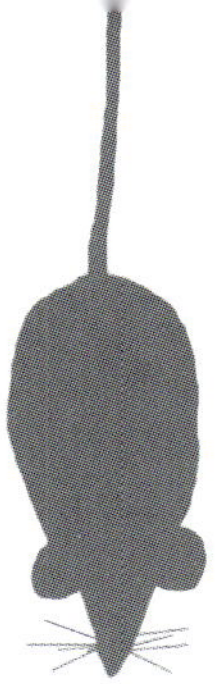

Die Ursachen für Verhaltensauffälligkeiten sind vielschichtig. Auslöser kann es viele geben. Hier ein paar Beispiele: Veränderungen im Umfeld der Katze, ein Umzug, umgestellte Möbel in der Wohnung, zu wenig Bewegung, kaum Abwechslung und Beschäftigung, ein begrenztes Revier durch verschlossene Türen oder zu viele andere Katzen, eine ungünstige Platzierung der Katzentoilette usw.
Häufig kommt es zu Verhaltensauffälligkeiten auch durch Fehlverhalten des Katzenhalters selbst.
Von der dritten bis zur zwölften Lebenswoche wird das Katzenjunge für sein gesamtes späteres Leben geprägt, denn es lernt in dieser Zeit von seiner Mutter und den Geschwistern alles über kätzisches Verhalten. Darum sollte es auf keinen Fall vor dieser Zeit ein neues Zuhause bekommen, da ansonsten keine ausreichende Sozialisierung stattgefunden hat, was sich dann wie ein roter Faden durch das gesamte Katzenleben zieht.
Katzen sollten in dieser entscheidenden Zeit möglichst viele verschiedene Eindrücke aufnehmen können sowie regelmäßig berührt und gestreichelt werden, um sich an den Kontakt mit Menschen zu gewöhnen. Zu wenige frühe Erfahrungen, mangelnde oder zu wenig unterschiedliche Umweltreize oder Kontakte mit Artgenossen oder Menschen können dazu führen, dass eine Katze sehr ängstlich wird. Sie neigt dann vermehrt dazu, sich bei Veränderungen oder Herausforderungen überfordert zu fühlen und verhaltensauffällig zu reagieren.

Es sollten nie zu viele Katzen in einem Haushalt sein.

Eine Katze, die nur in der Wohnung gehalten wird, braucht Abwechslung und viele Aktivitäten mit ihrem Menschen. Am besten ist es natürlich, wenn sie mit einer anderen Katze zusammenleben kann. Das gilt vor allem für Tiere, die häufig alleine sind, weil ihr Mensch oft oder über lange Zeit nicht zu Hause ist. Außerdem braucht die Katze eine katzengerechte Umgebung und tägliches ausgiebiges Spielen mit ihrem Menschen. Dabei muss vor allem interaktiv mit ihr gespielt werden, um ihr die Möglichkeit zu geben, den aufgestauten Jagdtrieb auszuagieren.

Gerade bei Wohnungskatzen kann es zu einem Triebstau kommen, der sich dann explosiv entladen kann. Spielen ist für Katzen ein Jagdersatz, und sich bewegendes Spielzeug stellt einen Beuteersatz dar. Sie benötigen diese Stimulation, um ihre Sinne und körperlichen Fähigkeiten fit zu halten. Jede Katze benötigt darüber hinaus genügend Anreize und Beschäftigung, um auch geistig fit zu bleiben.

Es sollten nie zu viele Katzen gehalten werden – vor allem nicht auf zu engem Raum. Jede Katze braucht die Möglichkeit, sich in der Wohnung alleine in ein Zimmer zurückziehen zu können.

Katzen behalten Gewohnheiten und Rituale häufig ihr Leben lang bei. Darum sind ihnen ein vertrauter Tagesablauf, ihre gewohnte Umgebung und eine zuverlässige Versorgung sowie ein gleich bleibendes freundliches Verhalten ihres Menschen außerordentlich wichtig.

Bei Veränderungen in ihrem Umfeld oder in ihrem Lebensablauf kann eine Katze sehr verunsichert und irritiert reagieren. Anhaltender Lärm, ein neues Haustier, eine völlig neue Umgebung mit fremden Geräuschen und Gerüchen, beispielsweise im Urlaub in einer Katzenpension, ängstigt und verunsichert sie. Zieht plötzlich ein weiterer Mensch im gewohnten Zuhause ein oder aber einer aus, kann das die Katze sehr verwirren. Jede neue Veränderung im Leben einer Katze kann sie durcheinanderbringen und dazu veranlassen, Verhaltensauffälligkeiten zu entwickeln.

Auch eine fehlende oder eine unzureichende Erziehung kann ein unerwünschtes Verhalten begünstigen, denn die Katze hat nicht gelernt, dass sie etwas nicht tun soll. Ganz schwierig ist es, wenn der Halter sich inkonsequent verhält und mal etwas erlaubt und es dann wieder verbietet.

Auch gesundheitliche Probleme können dazu führen, dass eine Katze sich auffällig verhält. Eine Katze, die beispielsweise Blasensteine hatte, kann ihre Schmerzen mit der Katzentoilette assoziieren und diese daraufhin meiden. Bei einer Blasenentzündung kann es einer Katze natürlich auch nicht vorgeworfen werden, wenn sie es nicht rechtzeitig bis zu ihrer Toilette schafft und deshalb in der Wohnung uriniert.
In diesen Fällen ist der Tierarzt der richtige Ansprechpartner, damit die Katze kuriert werden kann.

Das Pica-Syndrom

Mit dem Pica-Syndrom wird bei Katzen das fehlgesteuerte Fressen unverdaulicher Stoffe, wie beispielsweise Textilien, Wolle, Holz, Plastik, bezeichnet. Das Fressen bestimmter Pflanzen tritt häufig eher aus einem Mangel an oder dem Verlangen nach mehr Rohfasern oder Mineralien auf, und hängt meistens mit einer nicht ausreichend vollwertigen Ernährung zusammen.
Das Nagen an Kabeln dagegen geschieht wohl eher zur Befriedigung der Neugier sowie aus Langeweile. Zerkaut oder beschädigt eine Katze ein Stromkabel, kann dies jedoch fatale Folgen haben. Manchmal reicht es, Kabel an der Wand zu befestigen oder mehrere Kabel mit Kabelbindern zusammenzufassen. Im Baumarkt gibt es auch PVC-Röhren oder -Schläuche zu kaufen, die die Kabel schützen. Viele Katzen lecken oder kauen an Plastik, Kunststoff, Folie oder Cellophanverpackungen. Vielen dieser Materialien haftet der Geruch und Geschmack von Öl an, da sie häufig aus erdölhaltigen Stoffen hergestellt werden, was für Katzen attraktiv zu sein scheint.
Auch Unsicherheit, Langeweile oder Stress kann zu »Plastiktüten-Kauen« führen. Frisst eine Katze Plastik oder ähnliche Materialien, kann dies zu einem Magen- und Darmverschluss oder Erstickungserscheinungen führen, was lebensgefährlich ist und sofort tierärztlich behandelt werden muss.
Vorbeugend sollten daher solche bevorzugten Materialien keinesfalls offen in der Wohnung liegen gelassen werden.

Beim eigentlichen Pica-Syndrom nuckelt die Katze meist an Wolle, kaut daran und frisst sie sogar. Das Wollefressen beginnt recht häufig zwischen dem zweiten und achten Lebensmonat, wobei der Geruch des Wollfetts Lanolin möglicherweise den Reiz auslöst. Die jungen Katzen werden dadurch offensichtlich an das Fell der Katzenmutter erinnert. Wurde dieses Verhalten erlernt und hat es sich etabliert, werden häufig neben Wolle auch Baumwolle und synthetische Fasern gefressen. Dies tritt vor allem bei den orientalischen Katzenrassen auf.
Ursachen sind Nährstoffmangel, zu frühes Abstillen beziehungsweise eine zu frühe Trennung von der Katzenmutter und den Wurfgeschwistern, Stress, eine zu enge Bindung an den Halter, Trennungsangst oder ein unverändert bestehendes Bedürfnis in Form von Saugverhalten.
Vor allem verwaiste, unterernährte und zu früh entwöhnte Katzen saugen erfahrungsgemäß gerne an Wolle oder Stoff. Das ist nicht

Unbeaufsichtigtes Spielen mit Wolle ist für Katzen gefährlich.

ungefährlich, weil hinuntergeschluckte Stoff- oder Wollfasern den Magen oder Darm verstopfen können. Sie müssen im schlimmsten Fall dann operativ entfernt werden.

Der Katze sollte der Kontakt zu den entsprechenden Stoffen verwehrt werden. Sie braucht dann jedoch entsprechende Ablenkung und ausreichende Beschäftigung. Neue Spielsachen und intensives Spielen mit ihr können hilfreich sein. Durch das Spielen werden ihre bevorzugten Aktivitäten, wie Benagen, Saugen und Belecken von Gegenständen, umgeleitet und ihr Erkundungs- und Jagdverhalten geweckt.

Es sollte außerdem angestrebt werden, Stress für die Katze zu reduzieren sowie ihre Lebensumstände zu verbessern.

Eine Umstellung von rohfaserarmem Dosenfutter und rohem Fleisch auf rohfaserreiches Trockenfutter kann ebenfalls helfen.

Bei einer extremen Bindung an den Halter gehört zur Therapie, die Katze zu ermutigen, unabhängiger und selbstständiger zu werden, indem die Zeiträume der Interaktion mit dem Halter verringert und Streicheleinheiten nur auf Initiative des Halters und nicht auf Forderung der Katze erteilt werden.

Damit das Zusammensein mit dem Menschen immer weniger wichtig für diese Katze wird, sollte ihr ein höheres Maß an Stimulation und Aktivität geboten werden. Außerdem sollte die Katze vermehrt Möglichkeiten bekommen, neuartige Reize zu entdecken und etwas zu erkunden.

Kabelnagen kann für die Katze gefährlich und für den Menschen teuer werden.

Es kann jedoch auch sein, dass die Katzenmutter, die über die normale Stillzeit von sechs bis acht Wochen hinausgehenden Saugversuche der jungen Katze nicht unterbunden, sondern weiter zugelassen hatte. Dann saugen auch längst erwachsene Katzen immer noch an den Zitzen der Mutter, auch wenn keine Milch mehr herauskommt. Später müssen dann Ersatzobjekte »herhalten«, die als Schlüsselreiz dienen.

Dazu gehören unter anderem Finger, Knöpfe, Polsterzipfel, das menschliche Ohrläppchen, aber auch andere Tiere. Diese Art infantiler Triebbefriedigung an Gegenständen kann bis zum vierten oder fünften Lebensjahr und sogar zeitlebens anhalten. Langeweile durch einen Mangel an sinnvollen Beschäftigungsmöglichkeiten sowie ein erhöhtes Kontaktbedürfnis fördern diesen Trieb. Dadurch wird diese Verhaltensweise beibehalten und kann sogar zunehmend übertriebener ausgeübt werden.

Es gibt Katzen, die fressen Katzenstreu. Dieses Verhalten taucht oftmals bei Tieren auf, die an Anämie leiden und dadurch einen erheblichen Eisenmangel haben. Diese Katzen sollten unbedingt vom Tierarzt durch ein gründliches Blutbild daraufhin untersucht werden. Bei dieser Blutuntersuchung sollten außerdem die Nierenwerte bestimmt werden, denn auch eine Nierenerkrankung kann das Verhalten auslösen. Frisst eine Katze Katzenstreu, die klumpt, kann dies zum Tode führen.

Stereotypien

Das Pica-Syndrom gehört zu den Stereotypien, also zwanghaften, immer wiederkehrenden Handlungen, die in keinem Zusammenhang zu normalem Verhalten oder körperlichen Erkrankungen stehen.
Sie wirken selbstbelohnend, denn durch die stattfindende Aktivität werden beispielsweise ein Mangel an Bewegung und Aktivität befriedigt sowie körpereigene Endorphine, also Glückshormone, freigesetzt. Bei Raubkatzen im Zoo ist oftmals eine Bewegungsstereotypie zu erkennen, wenn die Tiere ruhelos in ihrem Käfig hin und her laufen.

Zu stereotypem, also rituellem, in regelmäßigen Abständen immer wieder auftretendem Verhalten, das ohne Zusammenhang mit äußeren Einflüssen auftritt, zählen außerdem noch Schwanzjagen, Kreislaufen sowie scheinbares Fliegenjagen ohne ein Beuteobjekt.
Diese Stereotypien sind Verhaltensweisen, die oft aus dem Bereich der Körperpflege, Bewegung oder dem Spielen entstehen. Sie wirken wie bereits gesagt selbstbelohnend, wobei sie immer durch einen Konflikt oder eine Frustration der Katze ausgelöst werden, auf die sie einfach nicht angemessen reagieren kann.

Ein solches Verhalten kann regelrecht selbstzerstörerisch sein, denn eine Katze kann sich beispielsweise wund lecken. Ursachen sind eine nicht artgerechte Haltung, zu wenig Bewegung, fehlende Abwechslung sowie keine oder nicht ausreichende soziale Kontakte.
Allerdings sollte vom Tierarzt vorab unbedingt untersucht werden, ob kein Parasiten- oder Pilzbefall, keine Allergie, Hormon- oder Stoffwechselstörungen beziehungsweise innere Krankheiten vorliegen, die die Katze durch einen starken Juckreiz dazu veranlassen. Es ist ein normales Jagdverhalten für eine Katze, Insekten zu fangen, aber nicht, lediglich eingebildeten Fliegen hinterherzuspringen. Gerade Wohnungskatzen, denen es an Reizen mangelt oder die sich unangenehmen Reizen nicht entziehen können, indem sie einfach nach draußen gehen und durch die Natur streifen, neigen zu solch einem neurotischen Verhalten.
Die wilden fünf Minuten, bei denen eine Katze durch die Wohnung rast und springt, ist dagegen eine normale Entlastungshandlung bei aufgestauter Energie. Dabei trainiert die Katze nicht nur ihre Jagdfähigkeiten, sondern auch ihre Muskeln und Gelenke, um sie im Ernstfall erfolgreich einsetzen zu können. Diese Ersatzhandlungen sind allerdings ein Zeichen für nicht ausreichende Bewegung und somit nicht genügend Anreize für die Katze, denn ansonsten würde es zu solch einem Triebstau, der sich entladen muss, gar nicht kommen.
Passiert dies zu häufig, ist es ein eindeutiges Zeichen dafür, dass unbedingt mehr mit der Katze gespielt und sich mehr mit ihr beschäftigt werden muss.
Eine andere Erklärung dafür, warum Katzen manchmal Sand, Erde, Haare oder Dreck fressen, ist ein Rückfall in die frühkindliche Phase, während der alles ins Maul genommen wird. Eine Standard-Diagnose ist jedoch gerade bei Katzen mit ihrem sehr individuellen Verhalten wie immer zu pauschal. Daher müssen die einzelnen Verhaltensweisen genau beobachtet und die Katze untersucht werden, um das Problem zu erkennen und beheben zu können.

Um ihren aufgestauten Jagdtrieb abzureagieren, jagen Katzen manchmal Unsichtbares.

Bei der Therapie von Verhaltensauffälligkeiten bei Katzen muss zunächst die richtige Methode ausgewählt werden: Ignorieren oder Bestrafung des unerwünschten oder aber Belohnung des erwünschten Verhaltens. Darum ist zuerst eine genaue Analyse der Umstände und des Wesens der Katze erforderlich.

Desensibilisierung

Eine systematische Desensibilisierung wird gewöhnlich bei Angstreaktionen oder aggressivem Verhalten einer anderen Katze gegenüber angewandt. Wird ein belastender Reiz in einer abgeschwächten Form präsentiert, verliert er im Laufe der Zeit seine ängstigende oder Aggression auslösende Wirkung, sodass eine allmähliche Gewöhnung erreicht werden kann. Auch wir Menschen stumpfen ja irgendwann ab, wenn wir mit etwas immer wieder konfrontiert werden, und regen uns dann einfach nicht mehr darüber auf.

Ignorieren von unerwünschtem Verhalten

Durch Ignorieren wird einem erlernten Verhalten wie dem Aufmerksamkeit heischenden Verhalten einfach die Grundlage entzogen. Das Gegenteil von Belohnung ist also nicht Bestrafung, die nur zu einer weiteren Verun-

In einem Mehrkatzenhaushalt können eher Probleme auftreten.

sicherung beiträgt, sondern vielmehr einfach das Fehlen von Belohnung.

Eine Katze, die ihren Menschen regelmäßig nachts weckt, weil sie spielen oder etwas zu fressen möchte, sollte einfach ignoriert werden.

Die Katze wird natürlich ihre Verhaltensweise, mit der sich der gewünschte Effekt plötzlich nicht mehr erreichen lässt, zunächst häufiger und intensiver zeigen, bevor sie von der Nutzlosigkeit ihres Verhaltens überzeugt ist.

Schließlich hatte sie bisher immer Erfolg damit. Also muss sie nur lauter schreien oder penetranter werden, da ihr Mensch sie wohl einfach nur nicht bemerkt hat. Dabei ist unbedingte Konsequenz gefragt, denn sie ist bei der Therapie unerlässlich. Sobald der Mensch auch nur ausnahmsweise einmal reagiert, ist es wieder vorbei.

Gibt er nur einmal nach, verstärkt sich sofort das unerwünschte Verhalten der Katze noch zusätzlich, da sie zwischendurch ja ein Erfolgserlebnis hatte, das sie ermutigt, an diesem Verhalten festzuhalten.

Es bedarf wirklich einiger Geduld, bis die Katze »eingesehen« hat, dass ihr Verhalten ihr nicht mehr den gewünschten Erfolg beschert.

Bestrafung von unerwünschtem Verhalten

Wenn überhaupt sollten Bestrafungsmethoden so eingesetzt werden, dass die Katze sie zwar als unangenehm empfindet, aber nicht mit der Person, von der sie ausgehen, in Verbindung bringt.

Eine direkte Bestrafung darf bei Katzen auf keinen Fall in Form von Schlagen oder lautem Schimpfen erfolgen, da Schlagen das Problem nur verschlimmern würden, und Schimpfen unbeabsichtigt von einer Katze, die unbedingt Aufmerksamkeit sucht, sogar als Belohnung empfunden werden kann.

Eine körperliche Bestrafung bringen Katzen nicht mit ihrer Handlung, sondern mit dem jeweiligen Menschen in Verbindung, was ihre ängstlichen oder aggressiven Reaktionen nur noch verstärken würde. Zudem belastet es nachhaltig die Beziehung zwischen Mensch und Tier und zerstört das Vertrauen.

Unerwünschtes Verhalten sollte bereits im Ansatz verboten werden.

Die einzige akzeptable Möglichkeit einer direkten Bestrafung ist ein strenges »Nein!«, vielleicht noch verbunden mit einem lauten Händeklatschen, oder ein anderes kurzes lautes Geräusch, das die Aufmerksamkeit erhöht beziehungsweise die Katze durch den Schreckreiz innehalten lässt.
Eine solch wiederholte negative Erfahrung, bei der die Katze den Zusammenhang zwischen ihrem Verhalten und dem unangenehmen Gefühl eines Schrecks herstellen kann, veranlasst sie in der Regel dazu, dieses zukünftig lieber zu unterlassen.

Bei einer anonymen Bestrafung ist unbedingt darauf zu achten, dass die Katze nicht merkt, dass ein plötzlicher, unangenehmer und erschreckender Reiz, wie ein Wasserstrahl, aus einer Blumenspritze kommt, die der Mensch betätigt. Vielmehr sollte der Strahl unvermittelt aus dem Nichts auftauchen, sodass eine Katze, die beispielsweise verbotenerweise an einer Pflanze knabbert, die Erfahrung macht, dass diese sich daraufhin »wehrt«, indem sie mit Wasser spritzt. In der Regel lehne ich die Wasserspritzerei als Bestrafung eher ab, da es dafür bessere Methoden gibt.

Eine Bestrafung muss immer konsequent durchgeführt werden. Das bedeutet, dass ein Verhalten nicht einmal geduldet und dann wieder bestraft werden darf, weil die Katze auf diese Weise nicht lernen kann, was verboten und was erlaubt ist. Außerdem sollte beachtet werden, dass die Katze nicht für ein natürliches Verhalten bestraft werden darf oder für eine Handlung, die sie aus Angst begeht. Dann wäre eine Bestrafung nicht nur ungerecht, sondern falsch.

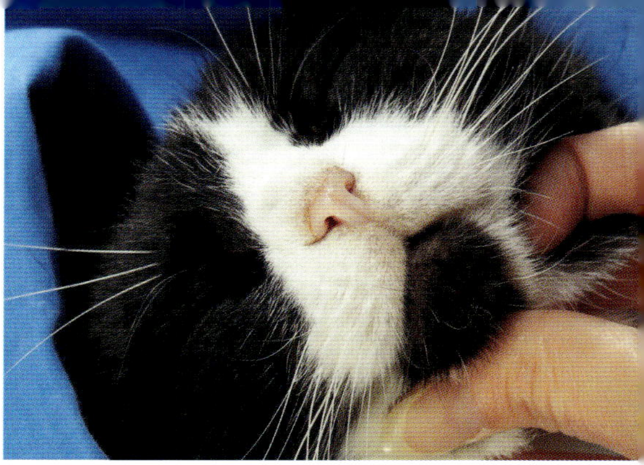

Manche Katzen lieben es, gekrault zu werden.

Bestrafung und Belohnung müssen unmittelbar während eines unerwünschten beziehungsweise erwünschten Verhaltens erfolgen, denn nur dann kann die Katze sie überhaupt mit ihrer gerade ablaufenden Handlung in Verbindung bringen. Erfolgen Belohnung oder Bestrafung nicht innerhalb von einer bis zwei Sekunden, kann die Katze den Zusammenhang mit ihrem Verhalten überhaupt nicht verstehen.

Loben und Belohnen erwünschten Verhaltens

Das Loben und Belohnen von richtigem Verhalten stellt die effektivste Methode dar, Katzen klarzumachen, was sie dürfen und was nicht. Schließlich kann eine Katze nur auf diese Weise erkennen, was der Mensch von ihr erwartet und welches Verhalten erwünscht ist. Es reicht nicht aus, ihr zu demonstrieren, was sie nicht darf. Woher soll sie dann wissen, was sie stattdessen machen soll?
Natürliche Verhaltensweisen wie beispielsweise das Kratzen können der Katze nicht verboten und abgewöhnt werden. Wird sie für das Kratzen an den Möbeln bestraft, weiß sie nicht, wo sie ihren natürlichen Trieb stattdessen abreagieren kann.

Andere dagegen schätzen eher eine kulinarische Belohnung.

Selbstverständlich müssen ihr entsprechende Alternativen wie Kratzbaum und Kratzbrett zur Verfügung gestellt werden. Wenn sie diese dann benutzt, kann durch Loben und Belohnen erreicht werden, dass sie ausschließlich dort kratzt, weil außer der Bedürfnisbefriedigung sogar noch ein zusätzlicher positiver Effekt damit verbunden ist.

Eine konsequente, also regelmäßige Belohnung führt dazu, dass die Katze schnell und nachhaltig lernt.

Spiel- und Beschäftigungstherapie

Gerade Wohnungskatzen, Katzen, die oft und/oder lange alleine sind, Einzelkatzen sowie Katzen, die einen besonders starken Beutetrieb haben, aber auch ängstliche oder aggressive Katzen brauchen ausreichend Beschäftigung und Abwechslung. Dazu gehören Aufmerksamkeit, Ansprache, Streicheln und vor allem Spielen.
Das gemeinsame Spiel mit dem Menschen ist gerade für Wohnungskatzen unerlässlich, da es die fehlenden Jagdaktivitäten ersetzt, um ihren aufgestauten Jagdtrieb entladen zu können.
Eine Spieltherapie wird vor allem dann eingesetzt, wenn unerwünschtes Verhalten durch einen entstandenen Triebstau erfolgt. Wenn natürliche Beuteobjekte und entsprechende Anreize fehlen, kann eine Katze beispielsweise damit beginnen, Topfblumen auszugraben, in anderen Bereichen Zerstörungswut entwickeln oder sich auf Beine und Füße des Menschen stürzen.

Sowohl hyperaktive als auch ängstliche und unsichere Katzen können von einer Spieltherapie profitieren. Bei einer aktiven und unausgelasteten Katze, die andere Katzen aus Langeweile bedroht oder belästigt, wird mit regelmäßigen Spieleinheiten die überschüssige Energie in vernünftiger Weise kanalisiert. Katzen sind, auch wenn sie nur in der Wohnung leben, immer noch Raubtiere, und wenn sie keine echten Beutetiere vorfinden, wird eben alles Mögliche als Ersatz gejagt. Mit regelmäßigen Spielstunden kann der Tagesablauf der Katze gut in aktive Phasen und Ruhephasen aufgeteilt werden.

Bei einer ängstlichen und unsicheren Katze bewirken Konzentration und Erfolg bei der Jagd auf die Spielmaus oder ein anderes geeignetes Objekt einen angstlösenden Effekt und erhöhen ihr Selbstbewusstsein. Da ängstliche Katzen unter Umständen anfangs auch dem Menschen oder einem Spielzeug gegenüber verunsichert sind, sollte langsam und geduldig begonnen werden.

Dabei können andere anwesende, vor allem aktive und schnell entschlossene, spielfreudige Katzen hemmend wirken, da sie das Spiel an sich reißen und die andere Katze sich gar nicht mehr traut, sich einzubringen. Dann muss notfalls mit den Katzen getrennt gespielt werden.

Erfolgserlebnisse beim Spielen, also beim Erjagen der »Beute«, sind ganz entscheidend, denn sonst werden Unsicherheit, Minderwertigkeitskomplexe sowie Ängstlichkeit gefördert. Statt Selbstsicherheit aufzubauen, wird dann nämlich eher Frustration erzeugt.

Aggressivität entsteht beispielsweise oft aus einem Erregungsstau, der ein Ventil braucht. In turbulenten Spielstunden kann sich diese überschüssige Energie dann gut entladen, ohne dass eine andere Katze damit belästigt wird. Nervöse Katzen benötigen die Ablenkung durch Spielen, um Stress abzubauen. Depressive Katzen können dadurch Selbstvertrauen aufbauen und ihre Lebensfreude zurückgewinnen. Eine Spieltherapie verhindert Langeweile und reduziert Stress. Sie unterstützt auch die Gesundheit, denn sie kann einer trägen Katze zusammen mit der richti-

Erfolgserlebnisse beim Spielen sind für Katzen sehr wichtig, denn sonst entsteht Frustration.

gen Diät helfen, Gewicht zu verlieren, ihren Kreislauf zu stärken sowie ihre Lebenserwartung zu verlängern. Da diese Art von Spiel interaktives Spielzeug einbezieht, das der Mensch bewegen muss, wird die Beziehung zwischen Mensch und Katze wachsen und stärker werden.

Interaktive Spielgeräte wie Katzenangeln, Fellmäuse oder Bällchen erfordern, dass der Mensch damit hantiert, und erlauben ihm dadurch auch, das Tempo zu bestimmen. Außerdem kann er das richtige Spielzeug für das entsprechende Problem auswählen beziehungsweise es abhängig von den Bedürfnissen der Katze einsetzen. Es kann entweder dazu benutzt werden, eine vermehrte Aktivität anzuregen, Aggressionen abzubauen oder aber Furcht zu minimieren.

Beute muss sich bewegen, denn sonst ist sie uninteressant.

Den Spieltrieb zu unterdrücken ist gefährlich, denn Katzen, denen keine Ersatzhandlungen erlaubt werden, entwickeln verstärkt Verhaltensauffälligkeiten wie Unsauberkeit oder die Zerstörung von Gegenständen. Während Katzen mit Freigang ihren Jagd- und Spieltrieb draußen befriedigen können, sind reine Wohnungskatzen einfach darauf angewiesen, dass sich ihr Mensch ausgiebig mit ihnen beschäftigt.

Katzen sind Lauerjäger, und der Mensch darf nicht die Geduld verlieren und irrtümlich glauben, die Katze habe keine Lust zu spielen, wenn sie einfach nur beobachtet, wie er ein Spielobjekt bewegt oder interessante Geräusche macht. Es liegt in der Natur der Katze, dass sie zuerst einmal ihre Beute belauert und beobachtet, bevor dann irgendwann der auslösende Reiz groß genug und der Zeitpunkt für einen Zugriff für sie scheinbar optimal ist. Der sichtbare Sprung ist also erst der letzte Teil in einer langen Verhaltenskette.

Katzen bevorzugen ganz unterschiedliche Spiele beziehungsweise Anreize. Es muss darum einfach herausgefunden werden, worauf die jeweilige Katze am ehesten reagiert. Wenn ich zu hören bekomme: »Meine Katze spielt nicht.« oder »Meine Katze hat keine Lust zum Spielen.«, kann ich das immer nicht so recht glauben, weil es für Katzen aus den vorgenannten Gründen eine immense Bedeutung hat. Katzen spielen zudem bis ins hohe Alter, wobei das Spielbedürfnis unter anderem abhängig ist vom Gesundheitszustand, der Rasse und dem Umfeld.

Missverständnisse

Weit verbreitet ist leider die Ansicht, eine Katze würde, wenn ihr etwas nicht gefällt, aus Protest unsauber werden oder andere auffällige Verhaltensweisen zeigen. Das ist nicht richtig. Vielmehr ist es so, dass Katzen aus Unsicherheit unsauber werden, weil sie z. B. irgendetwas beunruhigt.

Das Hinterlassen ihres eigenen Geruches an verschiedenen Stellen des Hauses gibt der Katze Sicherheit. Ursachen für eine solche Unsicherheit können Angst, Kummer, Irritation, Veränderungen und mitunter auch ganz banale Dinge sein. Egal, welches auffällige Verhalten eine Katze zeigt, es handelt sich niemals um Protest, Bestrafung ihres Menschen oder pure Gemeinheit.
Das sind typisch menschliche Beweggründe. Die Katze kann aus ihrer Not heraus jedoch nicht anders reagieren, denn sie weiß nicht, was sie sonst machen könnte.

Ihr Verhalten kann also höchstens als Hilferuf oder als Aufmerksammachen auf Missstände gewertet werden.
Manchmal können Verhaltensauffälligkeiten von Katzen nur deshalb nicht beseitigt werden, weil der Halter nicht bereit ist, sein eigenes Verhalten zu ändern oder aber die Therapieempfehlungen auch tatsächlich umzusetzen.
Zum Spielen fehlen Zeit und Lust, was ebenso für aufwändigere Therapiemaßnahmen wie zum Beispiel eine Gewöhnungstherapie gilt. Auch Launenhaftigkeit, Desinteresse, Gedankenlosigkeit, Uneinsichtigkeit und vor allem Inkonsequenz spielen eine entscheidende Rolle. Festgefahrene Gewohnheiten oder unrealistische Erwartungen an die Katze sind ebenfalls nicht zu unterschätzende Faktoren. Es gibt auch immer wieder falsch verstandene Tierliebe oder Vermenschlichung, hinter der häufig eher Egoismus steckt.

Manchmal kann eine Katze regelrecht psychisch gequält werden, obwohl dies unbeabsichtigt geschieht und nicht immer auf den ersten Blick ersichtlich ist.

Der Ablauf einer Therapie

Halter, die Probleme mit ihren Katzen haben, rufen mich an oder schicken mir eine E-Mail. Bei dieser Gelegenheit schildern Sie kurz die Thematik, um die es geht. Es sollte kein ganzer Roman sein, denn das macht beiden Seiten nur unnötig Arbeit, und mich selbst verwirrt es sehr häufig. Da wird dann beispielsweise ausführlich von einer Katze berichtet, von der sich bei weiterem Lesen oder Zuhören irgendwann herausstellt, dass sie längst verstorben ist. Sorry, aber so etwas und das meiste andere ist einfach für mich nicht relevant und behindert nur unnötig meine notwendige Konzentration. Egal, wie umfangreich der Vorbericht auch ist, dem Halter und auch mir bleibt es nicht erspart, dass ich einen sehr ausführlichen Fragenkatalog individuell für jeden Fall ausarbeite. Ich stelle nämlich ganz andere Fragen und hinterfrage die erhaltenen Informationen.

Jeden Fall lasse ich wie einen Film vor meinem geistigen Auge ablaufen, um dort, wo er stoppt, genau nachzuhaken. Das gilt auch für bestimmte Aussagen, die jemand macht. Originaltext: »Wir haben zwei Katzen und beide lehnen meinen Mann ab.« Das kann nun wirklich alles bedeuten. Lehnen die Katzen den Mann ab, indem sie ihn einfach ignorieren, indem sie ihm ängstlich aus dem Weg gehen und er nicht in Kontakt mit ihnen treten darf oder aber indem sie aggressiv auf ihn reagieren? Ist das generell so oder nur in bestimmten Situationen? Wer war zuerst da, der Mann oder die Katzen? Seit wann ist das Verhältnis so, von Anfang an oder hat es sich erst so entwickelt? Was könnte der Auslöser gewesen sein? Einige wenige von ganz vielen Fragen. Auch bestimmte Beschreibungen oder Worte gilt es zu hinterfragen. »Was genau meinen Sie mit »zappelig«?« »Inwiefern verhält sich der Kater dominant? Wie genau äußert sich das?« Auf diese Weise komme ich auch Fehlinterpretationen auf die Spur. Eine fauchende Katze ist nicht aggressiv, sondern eher unsicher. Es ist wirklich regelrechte Detektivarbeit und »Zeugenbefragung«, denn nur mithilfe des Menschen kann ich mir eine Vorstellung vom Wesen und Verhalten der Katze machen.

Böse Zungen würden sagen, ich sei neugierig, ich bezeichne mich als interessiert. Alles dient nur dazu, mich in die Katzen hineinversetzen zu können, zu erfahren, mit welchem Charakter, welcher Persönlichkeit, welchem Verhalten in bestimmten Situationen ich es zu tun habe. Ich sehe mich einfach als Vertreterin der Katzen(interessen) und frage ausschließlich nach, um mir einen besseren Eindruck verschaffen zu können. Sollte sich jemand »ausgehorcht« fühlen oder meinen, etwas beschönigen oder verschweigen zu müssen, hat er einfach nicht verstanden, um was es wirklich geht. Bisher habe ich jedoch noch nie tatsächlich diesen Eindruck gehabt, denn schriftlich ist es wohl anonymer und somit leichter für das Gegenüber.

Die meisten lassen sich gerne »interviewen« und wissen das Interesse an ihrem Fall zu schätzen. Außerdem mache ich immer wieder die Erfahrung, dass die Menschen sich dadurch mehr Zeit zum Nachdenken nehmen und alles Revue passieren lassen. Auf diese Weise fällt ihnen oftmals etwas wieder ein, an das sie nicht mehr gedacht hatten. Jede Information kann für mich wichtig sein. Ich habe auch schon einige Male gehört, dass dem Halter bereits durch meine Fragen sehr viel über seine Katze klar geworden ist. Andererseits gibt es natürlich auch einige wenige Halter, die nicht mit, sondern neben ihrer Katze her leben. Sie wissen praktisch so gut wie nichts

über sie, was gar keine böse Absicht sein muss. Sie sind berufstätig, und wenn sie zu Hause sind, gehen sie ihren eigenen Beschäftigungen nach, ohne auf die Katze zu achten. Ein Wesen, das unter solchen Bedingungen leben muss, kann doch nur mit einem auffälligen Verhalten reagieren, oder?
Ich selbst lehne für mich Hausbesuche nicht nur aus Zeitmangel ab. Eine scheue Katze bekäme ich gar nicht erst zu sehen, eine unsaubere wäre es nicht vor meiner Nase und wenn, wüsste ich trotzdem nicht warum. Mir würden an einem fremden Ort mit eventuellen Störungen durch Telefon, Türklingel, Kinder, Ehemann etc. auch nicht mal eben so 50 Fragen einfallen, deren Antworten ich dann auch noch geistig speichern und verarbeiten müsste. Eigenschaften und Verhaltensweisen in bestimmten Situationen sehe ich einer Katze nicht an der Nasenspitze an, sondern muss dazu den Halter befragen. Zudem macht mich diese Vorgehensweise flexibler und ortsunabhängig, sodass im gesamten deutschsprachigen Raum meine Hilfe in Anspruch genommen werden kann.

Der Therapieplan

Auch beim Therapieplan hat es viele Vorteile, ihn schriftlich zu erstellen. So geht keine Information verloren und der Katzenhalter kann immer wieder nachlesen, um sich zu erinnern. Er beinhaltet eine Erklärung des Katzenverhaltens und erläutert die Hintergründe.

Hinzu kommen Empfehlungen an den Halter, wie er sich zukünftig in bestimmten Situationen verhalten soll beziehungsweise wie er das Verhalten seiner Katze beeinflussen kann. Dann werden natürlich die entsprechenden Therapiemethoden erläutert und um auch wirklich ganzheitlich zu arbeiten, also auf allen Ebenen, die richtige Bachblütenmischung empfohlen, falls nötig.

Wichtig ist natürlich, dass der Halter dann auch alle Empfehlungen tatsächlich umsetzt, denn sonst kann die Therapie nicht von Erfolg gekrönt sein. Manchmal scheint es Zweifel an der Wirksamkeit eines Rates zu geben, weil jemand vielleicht andere Vorstellungen hatte oder etwas doch viel zu einfach klingt. Alles bitte immer zuerst ausprobieren! Wenn wir nichts verändern, verändert sich nichts. Ebenso entscheidend ist zudem eine positive Einstellung.

Die meisten Menschen unterschätzen, wie ihre Stimmung, Einstellung, ihre Ängste, Zweifel und Sorgen sich auf ihre Katzen übertragen. Umgekehrt nehmen diese natürlich auch Emotionen wie Vertrauen, Zuversicht und Hoffnung wahr. Ich weiß aus der Tierkommunikation, dass Tiere die Fähigkeit haben, »Bilder« aus unserem Unterbewusstsein zu empfangen. Wenn wir uns also äußerst beunruhigt vorstellen, wie die Katze wieder auf den Teppich macht, sich wieder endlos leckt oder beide Katzen aufeinander losgehen, »senden« wir genau das. Wenn wir uns jedoch vor unserem geistigen Auge ein Bild von Frieden, Harmonie und dem Zustand beziehungsweise dem Verhalten der Katze vorstellen, das wir erreichen möchten und uns wünschen, wird das übermittelt. Alles, worauf wir uns konzentrieren, wird stärker, da es mit Energie aufgeladen wird. Die entsprechenden Emotionen dazu sind zudem erhebliche Verstärker.

Ich erlebe es immer wieder, dass wenn jemand es schafft, dies richtig anzuwenden und umzusetzen, die entsprechenden Ergebnisse nicht lange auf sich warten lassen. Es ist und bleibt unerklärlich, aber faszinierend. Zumindest ist es doch einen Versuch wert. Finden Sie nicht? Die meisten von uns wenden es in die verkehrte, sprich negative, unerwünschte Richtung doch ständig an und erhalten die entsprechenden Ergebnisse, sodass der Beweis doch eigentlich erbracht ist, dass es funktioniert. Warum es dann nicht einfach einmal mit der anderen Richtung probieren? Schlimmer werden kann es nicht, wir können also nichts verlieren, sondern höchstens etwas gewinnen.

Jeder Fall ist absolut einzigartig, weil ich es immer mit einem oder mehreren ganz einzigartigen Wesen zu tun habe. Keine Katze ist wie eine andere, jede reagiert und verhält sich anders. Jede hat ihr eigenes Naturell und ist eine individuelle Persönlichkeit.

Auch, wenn die Thematik, wie Unsauberkeit, Gewöhnungsprobleme, Angst, Aggressivität gleich ist, handelt es sich immer wieder um andere Akteure, andere Lebensumstände, andere Hintergründe und Ursachen. Natürlich sind es auch immer wieder andere Menschen, mit denen ich konfrontiert werde. Uns verbindet aber alle von vornherein die Liebe zur Katze und der Wunsch, ihr helfen zu können. Das schafft von Anfang an eine gute Basis und manchmal sogar echte Verbundenheit. Wir haben ein gemeinsames Ziel!

Mir macht diese interessante Arbeit sehr viel Spaß, und ich freue mich über jeden, den ich dazu ausbilden darf. Allerdings muss ich immer wieder feststellen, dass ich zwar das Handwerkszeug komplett weitergeben kann, aber dass es einfach manches gibt, wie Einfühlungsvermögen, Verständnis, Anteilnahme, was nicht wirklich vermittelbar ist. Diese Qualitäten sollte jemand, der mit Tieren und Menschen arbeiten möchte, möglichst bereits mitbringen. Ebenso wie ein gewisses Bauchgefühl und Intuition, denn nicht immer ist alles mit dem Verstand greifbar. Einiges kommt natürlich einfach erst mit der Zeit, wenn eine gewisse Erfahrung mit hinzukommt. Trotzdem nutzt jeder Fernlehrgangsteilnehmer sein Potenzial ganz unterschiedlich – der eine mehr, der andere weniger. Wir Menschen sind eben genauso einzigartig wie Katzen.

Bei drei Katzen kann eine zu viel sein!

Als Faustregel gilt: Es sollten nicht mehr Katzen gehalten werden, als Menschen(-hände) zum Versorgen da sind beziehungsweise als die Wohnung Zimmer hat. Jeder Katze muss ein eigener Raum als Rückzugsmöglichkeit zur Verfügung stehen. Bei der Haltung von drei Katzen verbünden sich unter Umständen zwei Katzen gegen die dritte, die dann ausgeschlossen oder unterdrückt werden kann. Dies darf und sollte man jedoch wie immer nicht verallgemeinern, denn das Zusammenleben kann natürlich auch sehr gut funktionieren.

Die Haltung vieler Katzen auf einem beengten Raum ist für die Tiere eine ziemliche Belastung, da Katzen eher Einzelgänger sind. Ich halte dennoch die Gesellschaft von wenigstens einem Artgenossen gerade bei Wohnungskatzen für unerlässlich. Es gibt jedoch auch ausgesprochene Einzelgänger, die das Zusammenleben mit anderen Katzen gar nicht gewohnt sind oder es einfach nicht brauchen und darum damit überhaupt nicht zurechtkämen.

Es gibt nämlich Katzen, die nicht ausreichend auf andere sozialisiert wurden oder schon längere Zeit alleine leben und dies auch genießen. Letztendlich entscheidet aber vor allem wie so oft die gegenseitige Sympathie. Katzen, die sich untereinander gut verstehen, fühlen sich auch zusammen wohl. Wenn jedoch Antipathie vorherrscht, ist bereits eine weitere Katze eine zu viel. Dauerstress darf keiner Katze über längere Zeit zugemutet werden. Darum ist es sehr wichtig, sich professionelle Hilfe zu suchen, wenn sich zwei oder auch mehrere Katzen nicht miteinander verstehen. Eine Tierpsychologin kann in diesem Fall sehr viel bewirken.

Erst wenn tatsächlich auch ihre Empfehlungen versagen, sollte darüber nachgedacht werden, sich von einer Katze wieder zu trennen und ein anderes, besseres Zuhause für sie zu suchen.

Das ist jedoch die Ausnahme und kommt nur ganz selten vor, vorausgesetzt, dass auch tatsächlich alles versucht beziehungsweise umgesetzt wurde.
Dann gilt es jedoch, die richtige Entscheidung zu treffen, welche Katze gehen muss. Ist zu einer Katze eine neue hinzugekommen, wird man sich wahrscheinlich für die letzte entscheiden und sich eher nicht von seinem langjährigen Liebling trennen.
Handelt es sich jedoch um eine Katzengruppe, in der schon längere Zeit erhebliche Unstimmigkeiten herrschen, gilt es, die Katze zu entfernen, die es am nötigsten hat, beziehungsweise diejenige, ohne die sich die gesamte Gruppe besser fühlt. Es gilt also gut abzuwägen, bevor eine endgültige Entscheidung getroffen wird.

Hier herrscht eher Uneinigkeit, da alle verschiedene Interessen haben.

Verschiedene Phasen

Zwischen erwachsenen, auf begrenztem Raum gehaltenen Katzen gibt es fast immer eine Rangordnung, sodass eine neu hinzukommende Katze in der Regel zuerst bestimmte Phasen durchlaufen muss.
Erst danach wird sie von den anderen Tieren geduldet und akzeptiert.

Es handelt sich dabei um folgende Phasen:

- Ablehnungsphase
- Duldungsphase
- Erkundungsphase
- Phase des Zusammenfindens
- Integrationsphase

Auch hier gibt es wie immer Ausnahmen von der Regel. Entweder funktioniert es auf Anhieb bestens oder aber auch nach längerer Zeit gar nicht. Häufig sind die einzelnen Phasen auch gar nicht wirklich deutlich erkennbar und verlaufen eher fließend. Wir haben es immer mit Lebewesen zu tun, und die sind einfach nicht berechenbar.

Die Eingewöhnung

Die richtige und einfühlsame Eingewöhnung ist sehr wichtig, denn sie kann entscheidend sein. Bei einer einmal entwickelten regelrechten Abneigung gegen eine andere Katze ist häufig eine gezielte, zeitaufwendige Verhaltenstherapie notwendig, um die verhärteten Fronten wieder aufzuweichen.
Darum sollte nie zu lange einfach nur abgewartet werden, in der Hoffnung, die Katzen machen das schon unter sich aus.

Manche Katzen halten andere lieber fauchend auf Abstand.

Harmonie pur bei der sozialen Fellpflege.

Anfangsschwierigkeiten sind normal, aber wenn sie sich regelrecht etablieren, sind die Katzen gar nicht in der Lage, von sich aus etwas daran zu ändern.
Dann brauchen sie einfach die entsprechende Unterstützung. Es kann sogar sein, dass es angebracht ist, die Katzen für eine gewisse Zeit räumlich zu trennen, um in dieser Zeit erst eine Gewöhnungstherapie durchzuführen, bei der sie dann schrittweise und einfühlsam aneinander gewöhnt werden.

Eine solche Trennung, die zudem ja auch eine Reviereinschränkung darstellt, sollte immer nur vorübergehend eingesetzt werden und stellt keinesfalls eine Dauerlösung dar. Sie dient lediglich zum Schutz einer Katze, die zu sehr unter den Attacken oder Einschüchterungen einer anderen leidet. Parallel dazu muss immer alles getan werden, um der Katze zu helfen, ihr inneres Ungleichgewicht wieder auszubalancieren. Eine zu dominante Katze muss rücksichtsvoller und eine zu ängstliche muss selbstsicherer werden. Die Rücksichtnahme oder Selbstsicherheit einer Katze kann beispielsweise durch die richtige Bach-Blütenmischung und individuelle Therapiemaßnahmen verbessert werden.
Der Halter sollte die Katzen unbedingt genau beobachten, um zu erkennen, wer wie auf wen reagiert. Eine Ablenkung mit Spielen, Streicheln oder Leckerchen kann häufig helfen und vermitteln. Manchmal reicht das alleine jedoch nicht.
Katzen sind territoriale Tiere, und die Katze, die zuerst da war, kann ihr Revier regelrecht

verteidigen. Es kann aber genauso gut sein, dass sie mit dieser neuen Lebenssituation völlig überfordert ist, sich ganz zurückzieht und der neu hinzugekommenen Katze das Feld überlässt. Wie immer gibt es Katzen, die still leiden und andere, die ihren Unmut ganz deutlich zeigen und die Flucht nach vorne antreten. Ich finde, wenn wir uns einmal in die Lebensumstände unserer Katze(n) hineinversetzen, lernen wir, sie viel besser zu verstehen. Wir bestimmen, wer mit uns zusammenleben darf und wer nicht. Wir können den ganzen Tag über tun und lassen, was wir wollen, können kommen und gehen, essen, was und wann es uns beliebt, und haben unzählige Möglichkeiten, um uns abzulenken und zu unterhalten. Was aber hat eine Wohnungskatze für Möglichkeiten? Wie sieht ihr Leben aus?

Denken Sie immer daran, dass sehr viel Schlaf auch eine Form von Rückzug und nicht einfach nur arttypisch ist. Was geschieht denn an Tagen, an denen Sie Besuch haben, der sich auf für sie interessante Weise mit der Katze beschäftigt?

Zieht sie es dann trotzdem vor, lieber alles zu verschlafen, oder ist sie plötzlich hellwach und ganz in ihrem Element?

Hier herrscht eher ein harmonisches Miteinander.

Das Zusammenleben

Gut sozialisierte Katzen begrüßen sich gegenseitig und liefern sich spielerische Verfolgungsjagden, bei denen jedoch immer die Rollen getauscht werden sollten, sodass nicht immer eine der Verfolger und eine der Gejagte ist.

Zudem betreiben die Katzen gegenseitige Fellpflege, und manche Katzen schlafen sogar mit Körperkontakt, was aber nicht ganz so häufig vorkommt. Die Analkontrolle darf meistens eher nur die dominantere Katze vornehmen, während sie es bei sich selbst nicht so gerne zulässt. Es kann auch schon einmal zu echten Auseinandersetzungen kommen, denn schließlich lebt man auf begrenzten Raum zusammen. Zudem haben natürlich auch Katzen manchmal einen launischen Tag.

Mir ist stets die Devise wichtig: Leben und leben lassen. Es ist nicht immer möglich, zu erreichen, dass es ein harmonisches Miteinander wird, aber zumindest ein harmonisches Nebeneinander, bei der jede Katze die andere akzeptiert, ohne ihr das Leben schwer zu machen oder aber ohne sich von der anderen eingeschüchtert zu fühlen. Jeder soll sich in seinem schönen Zuhause, das er gefunden hat, wohlfühlen können. Jeder hat die gleichen Rechte – zumindest im Großen und Ganzen. Dass eine der Katzen eher das Sagen hat, ist normal, aber eine andere darf dadurch nicht unterdrückt werden.

Kapitel 4 | Unsauberkeit

Eine Katze, die nicht auf ihrer Katzentoilette beziehungsweise im Freien uriniert und kotet, wird als unsauber bezeichnet. Es gehört jedoch zu ihrem Sozial-, Sexual- und Territorialverhalten, mit Urin und Kot auch zu markieren. Für sie ist das ein ganz selbstverständlicher Bestandteil ihrer Duftkommunikation, denn sie hinterlässt auf diese Weise Botschaften.

Natürlich können wir Menschen dies in unserem Heim nicht tolerieren, aber es ist entscheidend, herauszufinden, warum die Katze es tut. Es kann zwar auch aus einem übersteigerten Dominanzverhalten heraus entstehen, aber in der Regel setzen eher unsichere Katzen in der Wohnung Duftmarken, um sich durch ihren eigenen Geruch besser oder einfach sicherer zu fühlen.

Markieren draußen ist okay – Markieren im Haus nein danke.

Bestrafungen wie ein Klaps, Schimpfen oder womöglich die Katzennase in die Ausscheidungen zu drücken sind absolut falsch und bewirken definitiv das Gegenteil. Sie verstärken nämlich die Angst und Unsicherheit nur noch, sodass die Katze erst recht das Bedürfnis hat, sich damit etwas mehr Sicherheit zu verschaffen. Außerdem kann sie überhaupt nicht verstehen, warum sie für etwas bestraft wird, was für sie ein völlig artgerechtes und normales Verhalten ist. Das wäre so, als würden wir zusammengeschlagen, nur weil wir einen Aushang mit einer für uns wichtigen Information gemacht hätten, oder sogar als würden wir für das Schreiben eines Briefes bestraft. In der Katzenwelt und in der Menschenwelt gibt es nun einmal ganz unterschiedliche Regeln.

Eine selbstbewusste, zufriedene und entspannte Katze hat keine Angst und keinen Stress, den sie mit Markieren bekämpfen will. Darum muss es unser Ziel sein, die Katze dabei zu unterstützen, dieses innere Gleichgewicht zurückzuerlangen. Dazu ist es erforderlich, mit einer genauen und intensiven Analyse herauszufinden, was die Katze so irritiert, beziehungsweise womit sie Probleme hat. Das kann alles Mögliche sein, auch etwas, was aus Menschensicht völlig normal ist und eigentlich keinerlei Bedeutung hat.
Was für uns normal ist, ist es für eine Katze noch lange nicht – und umgekehrt. Es kann auch sein, dass die Katze darunter leidet, dass ein ihr wichtiges Bedürfnis nicht gestillt wird, dass ihr etwas unheimlich ist, sie sich in einem ständigen Konflikt befindet oder besonderem Stress ausgesetzt ist. Um diesen inneren Druck auszugleichen, greifen manche Katzen auf das Markieren zurück. Sie versuchen dann, einen sie verunsichernden Geruch mit ihrem eigenen zu überdecken oder aber potenzielle Feinde durch ihren Geruch an markanten Stellen in die Flucht zu schlagen. Es kann sich aber auch um eine Botschaft an eine Mitkatze oder sogar an den Menschen handeln. Denn wie soll eine Katze wissen, dass die angebliche Krone der Schöpfung nicht dazu in der Lage ist, eine einfache Katzenbotschaft zu lesen und zu verstehen?

Ein Bächlein mitten in der Wohnung

Unsauberkeit gilt als Verhaltensauffälligkeit Nummer eins. Der Katzenhalter leidet darunter, aber auch die Katze, denn sie hat immer einen Grund dafür und tut es meist aus Unbehagen oder Verunsicherung heraus. Allerdings gibt es für dieses Verhalten fast so viele Gründe wie Katzen. Darum gibt es für Unsauberkeit – sowie für alle anderen Verhaltensauffälligkeiten – nicht das erhoffte Patentrezept beziehungsweise Allheilmittel. Jede Katze bringt mit Urinieren oder Markieren in der Wohnung zum Ausdruck, dass sie ein Problem hat, das sie nicht anders zu lösen weiß. Darum gilt es zunächst immer, den Auslöser zu finden und dann auch die jeweilige Persönlichkeit der Katze in die entsprechende Therapie mit einzubeziehen, um wirklich etwas bewirken zu können.

Mögliche Ursachen

Wird eine Katze plötzlich unsauber und benutzt nicht oder nicht mehr konsequent die Katzentoilette, gilt es, möglichst die Ursache für ihr verändertes Verhalten herauszufinden. Die Ursachen für Unsauberkeit können Angst, Unsicherheit, Dominanzgehabe, Nervosität, Gereiztheit, Depression, Eifersucht, Unausgeglichenheit, Einsamkeit, Trauer, Reviermarkierung, eine Reaktion auf Veränderungen, Störungen, ein Mittel der Kommunikation oder um Aufmerksamkeit zu erlangen, aber auch unzählige andere sein.

Ich möchte an dieser Stelle betonen, dass es in meinen Augen kein »Protestpinkeln« gibt. Die Katze zeigt dieses Verhalten niemals, um ihren Menschen zu ärgern. Sie weiß sich einfach nicht anders zu helfen, als ihre Anspannung, Unsicherheit oder eine andere Emotion in diesem Moment auf diese Weise zu kompensieren.

Darum ist es nicht nur völlig falsch, mit der Katze zu schimpfen oder sie zu bestrafen, sondern es ist sogar kontraproduktiv. Durch eine solche Aktion wird die Katze zusätzlich verunsichert, was noch zu einer Verstärkung dieses Verhaltens führen kann.
Die Katze kann die Reaktion ihres Menschen auch gar nicht verstehen, da sie sich einfach nur von einem inneren Druck befreit.

Natürlich gibt es aber auch Fälle, in denen dieser Druck tatsächlich von der Blase kommt. Und zwar dann, wenn die Katze eine Blasenentzündung oder ein anderes gesundheitliches Problem hat und den Urin einfach nicht halten kann oder aber kleine Mengen Urin ganz unwillkürlich verliert. Darum empfiehlt es sich, zuerst einmal den Tierarzt aufzusuchen, um körperliche Ursachen für das Verhalten ausschließen zu können.
Es kommt sogar vor, dass eine Katze von anderen gemobbt wird und dann, während sie gejagt oder in eine Ecke gedrängt gibt, aus der es kein Entrinnen gibt, Urin verliert. Das geschieht in diesem Fall aus einem extremen Erregungs- und Angstzustand heraus. Es soll ja auch Menschen geben, denen dies schon vor Angst passiert ist.

Urinieren oder Markieren

Auch, wenn es heißt: »Meine Katze macht ihr Geschäft in die Wohnung«, gilt es zunächst herauszufinden, ob es sich wirklich um Urinieren oder doch um Markieren handelt. Hockt die Katze sich hin und gibt jeweils eine größere Menge Urin ab, benutzt sie die Wohnung vielleicht tatsächlich als Toilette, wofür es auch einen Grund geben muss.
Spritzt die Katze aber im Stehen mit erhobenem Schwanz Urin gegen Flächen oder Gegenstände, geht es um Markieren, das wieder einen anderen Hintergrund beziehungsweise andere Beweggründe hat.

In diesem Fall gilt es, genau darauf zu achten, welche Stellen oder Gegenstände betroffen sind. Sind es immer dieselben? Welche Bedeutung haben diese Stellen aus Katzensicht? In welchen Situationen geschieht es? Was ging diesem Verhalten voraus? Welche Möglichkeiten gibt es, diese Stellen für die Katze unattraktiv zu machen? Wird womöglich ein Reiniger zum Säubern der Verunreinigung verwendet, der Ammoniak enthält und somit die Katze erst recht zu diesem Verhalten animiert, da sie dieser Geruch an Katzenurin erinnert?

Die Sichtweise einer Katze einnehmen

Eine Bekannte erzählte mir, dass ihr Kater, obwohl er sehr an ihrem Mann hinge und regelrecht auf ihn fixiert sei, bereits einmal in sein Bett uriniert habe und vor kurzem sogar von oben auf seinen Kopf. Ich war froh, dass sie darüber genauso herzhaft lachen konnte wie ich, da ich mir die Situation sofort bildhaft vorstellte. Ich wurde dann jedoch sofort wieder ernst, um ihr eindringlich klar zu machen, dass der Kater das nicht böse oder negativ gemeint hätte.

Ich wusste, dass sie noch drei weitere Katzen hatte, sodass der Kater das Bedürfnis hatte, seinen Lieblingsmenschen für die anderen zu markieren. Er wollte damit ausdrücken: »Der gehört mir.« Vor allem im Bett, wo der Geruch des Menschen am intensivsten ist, kommt das häufiger vor. In anderen Fällen kann es jedoch natürlich auch mit Antipathie zu tun haben, wenn die Katze dann auf die Bettseite des neuen Freundes ihres Frauchens uriniert, um den fremden, ihr eher unangenehmen Geruch mit ihrem eigenen zu überlagern.
Dass der Kopf seines Menschen nun gerade in Spritzrichtung lag, war dem Kater natürlich nicht bewusst, da er nicht so logisch denken kann wie ein Mensch. Es sollte lediglich eine Art Warnung an die anderen Artgenossen sein, diesen Bereich des Bettes zu meiden, da der schon belegt sei.

Für viele Halter wäre das die angenehmste Lösung!

Zum Glück war das Opfer der Spritzattacke zwar völlig irritiert und wie vom Blitz getroffen aufgesprungen, hatte wohl auch etwas pöbelnd reagiert, was ja nur zu verständlich ist, war aber nicht bösartig geworden. Mir war wichtig, dass meine Bekannte ihrem Mann erklärte, warum der Kater sich so verhalten hatte.

Ich weiß, dass vor allem Frauen in einem solchen Fall zu Tode beleidigt sind, weil sie es als persönliche Beleidigung und unverständliche Ablehnung ihrer Person fehlinterpretieren. Katzen sehen das jedoch völlig anders.

Es geht bei der Beurteilung von Verhalten immer darum, sich in die Katze einzufühlen und ihre Sicht der Dinge einzunehmen. Für den Menschen gibt es meistens auf den ersten Blick keinen (nachvollziehbaren) Grund für das Verhalten, aber für die Katze ist Unsauberkeit eine ganz logische und normale Reaktion aufgrund ihrer bestimmten Situation.

Meistens kann der Auslöser gefunden oder die Ursache behoben werden. Falls dies nicht möglich ist, muss die Katze dabei unterstützt werden, sich mit den Gegebenheiten besser zu arrangieren, beziehungsweise wieder mehr in ihr inneres Gleichgewicht zu kommen und dieses Verhalten nicht mehr zu brauchen.

Es empfiehlt sich, rechtzeitig professionelle Hilfe zu suchen, bevor das auffällige Verhalten in eine Angewohnheit übergeht.

Die Katzentoilette

Es kommt zwar vor, dass die Katzentoilette wegen mangelnder Hygiene gemieden wird, weil sie zu selten gesäubert wird, und es für die äußerst empfindliche Katzennase wie in einer öffentlichen Bedürfnisanstalt riecht und sich die Exkremente stapeln. Auch unpassende Einstreu oder ein ungeeignetes Modell können der Grund für Unsauberkeit sein, aber all das ist eher selten der Fall. Zu berücksich-

tigen ist auch, ob der Standort optimal gewählt ist. Wenn die Katze mitten auf dem Präsentierteller, in einer zugigen Ecke oder dort, wo sie ihr Futter bekommt, ihr Geschäft verrichten soll, meidet sie diesen Ausscheidungsort eher.
Findet sich der Urin unmittelbar vor der Katzentoilette, geht die Katze vielleicht nicht weit genug hinein oder aber der Rand ist nicht ausreichend hoch.
Zum Glück hatte ich bisher nur einen extremen Fall, wo eine ältere Katzenhalterin acht Katzen, zwei weitere waren gerade verstorben, in einer 70-qm-Wohnung hielt, mit einer einzigen Katzentoilette, die nur einmal täglich gereinigt wurde. Sie war verzweifelt, dass alle Katzen unsauber waren, und konnte es sich nicht erklären. Hinzu kam, dass sie die Katzen zur Strafe in die kleine Diele sperrte und alle anderen Türen verschloss, damit die Räume nicht verunreinigt wurden.
Dadurch wurde das begrenzte Revier der armen Tiere noch kleiner. Es gab gar keine Rückzugsmöglichkeiten mehr, sodass den Katzen erst recht nichts anderes übrig blieb, als viele Duftbotschaften abzusetzen. Ich konnte es kaum glauben, aber diese Frau liebte ihre Katzen, wollte sie nicht abgeben und war sich keiner »Schuld« bewusst. In meinen Augen handelte es sich hier um Animal Hoarding und hatte mit Tierliebe wenig zu tun, auch wenn die Frau weinte, als ich ihr eindringlich empfahl, für die ein oder andere Katze ein neues Zuhause zu suchen. Sie war absolut uneinsichtig, und nachdem ich beim zweiten Telefonat noch deutlicher wurde, meldete sie sich nicht mehr.
An dieser Stelle noch einmal die goldene Regel für die Mehrkatzenhaltung: Nie mehr Katzen als die Wohnung Räume hat, ohne Küche und Bad dazuzuzählen, da jede Katze ein eigenes Rückzugsgebiet braucht. Jede Katze benötigt möglichst eine eigene Toilette, die am besten zweimal täglich gesäubert werden sollte.
Als eines freitagabends mein Telefon klingelte und eine Klientin in Tränen aufgelöst erzählte, dass ihre Katze schon wieder in die Wohnung uriniert hatte, hielt sich mein Mitgefühl in Grenzen. Die Katze war bereits seit Jahren unsauber, außerdem hatte die Dame noch keine Zeit gefunden, den bereits von mir zugesandten Fragenkatalog zu beantworten.
Dafür hatte sie jedoch ausgiebig mit einer Freundin telefoniert, die ihr am Telefon versicherte, dass es sowieso aussichtslos sei und sie ihre Katze besser abgeben solle. Ich versicherte ihr, dass es ausreichend Möglichkeiten gäbe, ihre Katze dabei zu unterstützen, dieses Verhalten aufzugeben. Zusätzlich machte ich ihr klar, dass dies kein Grund zum Weinen sei, da es andere wirklich schlimme Geschichten gäbe, die ich zu hören bekäme.
Was wäre, wenn ihre Katze weggelaufen oder todkrank wäre und sterben müsste, gequält worden wäre oder etwas Schreckliches erlebt hätte? Das wären Gründe, um zu leiden und bittere Tränen zu vergießen. Bei solchen Fällen muss ich nämlich oft genug aufpassen, um nicht selbst weinen zu müssen. Sie solle froh sein, dass es nur um ein bisschen Urin gehe und ihr Tier ansonsten gesund und munter sei. Entschuldigung, aber da hört mein Mitgefühl auf. Im Übrigen konnte dieser Katze und somit auch dieser Dame geholfen werden.
Nachdem die Katzenhalterin mehrere Tage später den Fragenkatalog beantwortet und auch die danach übermittelten Therapieempfehlungen umgesetzt hatte, war die Samtpfote bald tatsächlich nicht mehr unsauber. Was wäre gewesen, wenn die Katzenhalterin auf die »gute« Freundin gehört hätte?

Toilettenverbot für Paula

Fallbeispiel

Frau N. rief mich an und erzählte, dass ihre Katze Paula unsauber geworden wäre. Sie urinierte seit einiger Zeit immer wieder in die Wohnung.
Um zunächst einmal herauszufinden, ob die Katze wirklich urinierte oder eher markierte, stellte ich gezielte Fragen. Dabei erfuhr ich, dass Paula tatsächlich in der normalen Hockstellung größere Urinmengen absetzte. Beim Markieren hätte sie dagegen eher im Stehen Urin gegen senkrechte und markante Flächen gespritzt.

Katzen tun dies in der Regel aus einer gewissen Unsicherheit heraus und um entsprechende Duftbotschaften zu hinterlassen. Als auch die Katzentoilette vom Standort her, was die Streu und auch die Säuberung betraf, keine Auffälligkeiten aufwies, hakte ich im ausführlichen Fragenkatalog genauer nach. Frau N. hatte nämlich erwähnt, dass es noch einen Kater namens Paul gab und dass das Verhältnis zwischen ihm und der Katze nicht ganz so harmonisch war.

Auf meine Nachfrage hin erfuhr ich, dass sie tatsächlich schon einmal beobachtet hatte, wie der Kater Paula von der Toilettennutzung abhielt. Als er mitbekam, dass sie diesen speziellen Ort aufsuchen wollte, war er vor ihr dort und baute sich bedrohlich davor auf. Das lässt erahnen, dass dies nicht zum ersten Mal vorgekommen ist. Irgendwann traut Paula sich nicht dann mehr, die Toilette aufzusuchen.

Es geht um Machtdemonstration

Das ist natürlich ein unhaltbarer Zustand, aber leider gar nicht so selten. Manchen Katzen wird auch nach dem Toilettengang aufgelauert, was ihnen dann ebenfalls diese Aktivität verleidet. Sie werden entweder daran gehindert, die Toilette wieder zu verlassen oder aber ihnen wird vor der Türe aufgelauert, um sie dann zu jagen. Hierbei handelt es sich immer um regelrechtes Mobbing, das es leider unter Katzen tatsächlich gibt.

Es hat mit Machtdemonstration und Dominanz zu tun. Derjenige, der das Sagen im Mehrkatzenhaushalt hat, macht dies deutlich, indem er einer anderen Katze eine oder mehrere Ressourcen verwehrt beziehungsweise diese nur für sich in Anspruch nimmt. Eine unsichere Katze wird dann am Fressen, am Toilettenbesuch gehindert oder ihr werden bestimmte Plätze verwehrt. Dadurch wird der anderen Katze ihre Unterlegenheit und Hilflosigkeit regelrecht bewusst, denn fressen zu dürfen oder sich entleeren zu können, sind elementare und lebensnotwendige Bedürfnisse.
Darum darf ein solches Verhalten auf keinen Fall geduldet werden, zumal es der betroffenen Katze großen Stress bereitet und ihre Lebensqualität erheblich einschränkt. Es richtet sich meist gegen unsichere Katzen, und wenn der Mensch sie dann auch noch wegen ihrer Unsauberkeit beschimpft, vergrößert er diese Unsicherheit nur noch.

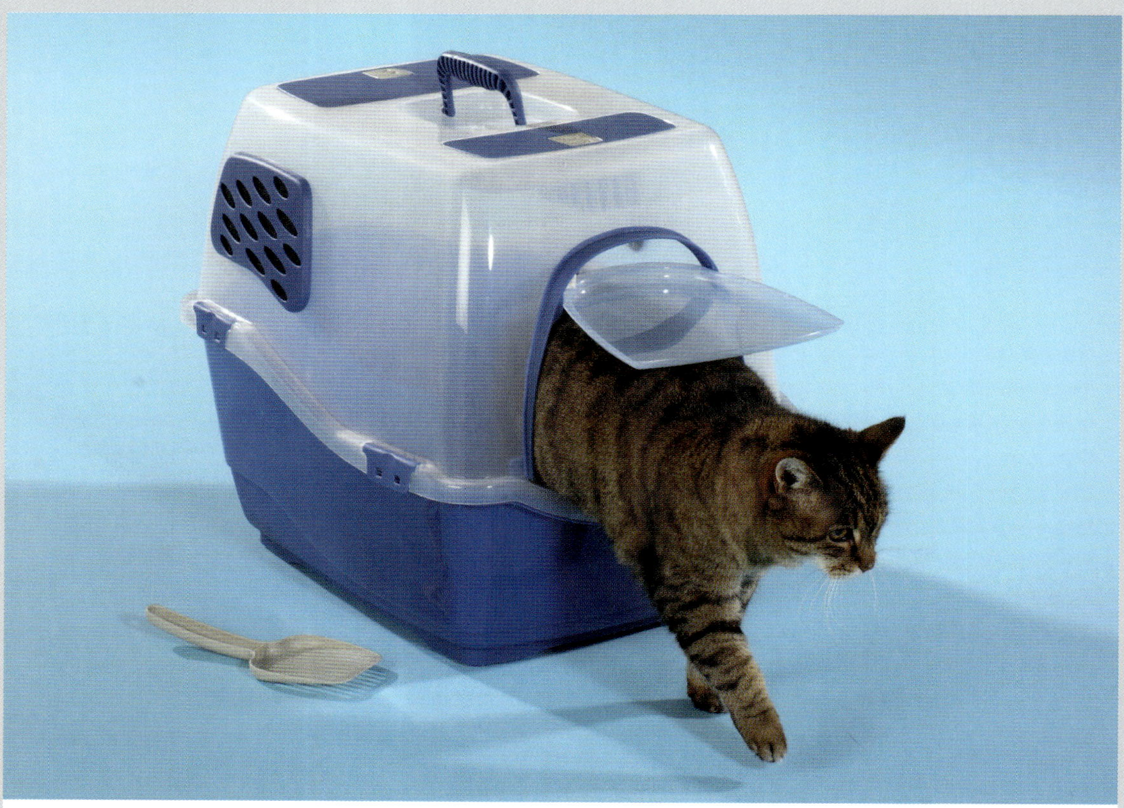

Die Katze will ihren Menschen jedoch nicht ärgern, denn sie hätte ja liebend gerne die Toilette benutzt, wenn sie nicht daran gehindert würde. Wenn ihr dort anschließend aufgelauert wird, hat sie natürlich ebenso Angst, diesen normalerweise geschützten Ort aufzusuchen, denn sie will keinen Angriff provozieren. Das Scharren in der Katzenstreu ist ja leider immer ein verräterisches Geräusch, sodass ihr Aufenthaltsort und ihre Absicht hörbar sind.

Hilfreiche Maßnahmen

Ich gab Frau N. ganz konkrete Verhaltensmaßnahmen an die Hand und empfahl ihr, mindestens eine zusätzliche Katzentoilette aufzustellen. Kein Kater kann an zwei Orten gleichzeitig sein. Außerdem sollte sie beiden Katzen unterschiedliche, jeweils genau auf ihre Thematik abgestimmte Bach-Blütenmischungen verabreichen. Das würde helfen, beide dort zu unterstützen, wo sie es brauchten, um wieder ein Gleichgewicht herzustellen. Paula musste gestärkt werden, um selbstbewusster auf den Kater zu reagieren. Dieser musste ausgeglichener werden, um sich von seinem Dominanzstreben und seiner Rücksichtslosigkeit zu befreien.

Die Erfolgsmeldung ließ erfreulicherweise nicht lange auf sich warten. Nur am Anfang hatte Frau N. den Kater noch einmal bei einem Versuch erwischt und entsprechend reagiert. Paula benutzte nun regelmäßig die Katzentoilette, und das Verhältnis zwischen den beiden Katzen hatte sich ebenfalls verbessert.
Es hatte sich zwar keine große Liebe entwickelt, aber Paul kontrollierte und beeinträchtige Paula nicht mehr so wie vorher. Dadurch konnte diese sich merklich entspannen und fühlte sich wohler.

Unsauberkeit/Koten

Unsauberkeit bei seiner Katze ist für jeden Halter immer ein äußerst unangenehmes Problem. Extrem wird es, wenn die Katze in die Wohnung kotet.

Katzen haben zu ihren Ausscheidungen ein ganz anderes Verhältnis als der Mensch. Für sie gehört es zum Sozial-, Sexual- und Territorialverhalten, das Hinterlassen von Urin und Kot als Kommunikationsmittel einzusetzen.
In der Regel benutzen Katzen allerdings innerhalb der Wohnung selten ihren Kot als geruchliche oder optische Markierung, so wie Freilaufkatzen dies tun.
In fast allen Fällen ist eine tiefe Verunsicherung der Katze der Auslöser für ein Markieren mit Kot, wodurch sie eine deutliche Botschaft hinterlassen möchte.

Gesundheitliche Ursachen

Natürlich müssen im Vorfeld zuerst einmal gesundheitliche Ursachen ausgeschlossen werden können. Wenn eine Katze Durchfall hat, schafft sie es unter Umständen einfach nicht mehr rechtzeitig zur Toilette. Spätestens bei einem mehr als zwei Tage anhaltenden Durchfall sollte auf jeden Fall der Tierarzt aufgesucht werden.
Umgekehrt frage ich auch immer nach, ob der Kot sehr hart ist und vielleicht nur einzelne Stücke außerhalb der Toilette gefunden wurden. Dann handelt es sich um eine Verstopfung, was dazu führen kann, dass sich der Kot in der Katzentoilette nicht vollständig vom After gelöst hat, und erst später in der Wohnung verloren wurde. Auch in diesem Fall ist zuerst einmal etwas gegen die Verstopfung zu unternehmen.

Das große Geschäft gehört möglichst immer in die Katzentoilette

Katzentoilette und Streu

Entscheidend ist auch die Nachfrage, wohin die Katze genau gekotet hat. Ist es direkt neben oder in unmittelbarer Nähe der Katzentoilette geschehen, deutet vieles darauf hin, dass es mit der Beschaffenheit der Streu oder der Katzentoilette zu tun hat oder aber mit der Tatsache, dass diese mit anderen Katzen geteilt werden muss. Manche Katzen sind da sehr eigen.
Abgesehen davon gilt, dass möglichst jede Katze ihre eigene Toilette haben sollte. Vor allem, wenn die Katzentoilette nicht häufig genug gesäubert wird, kann dies Unsauberkeit zur Folge haben. Wer will schon in den eigenen oder sogar in fremden Exkrementen stehen? Auch eine Katze nicht. Und dann dieser extreme Geruch eines anderen. Igitt!

Andere Ursachen

Trotzdem kann das Koten in der Nähe der Toilette auch noch andere Ursachen haben. Vielleicht hatte die Katzen einmal Schmerzen durch zu harten Stuhl und bringt diese negative Erfahrung nun mit diesem Ausscheidungsort in Verbindung. Nach dem Motto: »Wenn ich mich darin entleere tut es weh, also mache ich lieber daneben.«

Es kommt wie bereits beschrieben auch immer wieder vor, dass eine Katze von einer anderen am Toilettenbesuch gehindert wird. Ja, auch unsere Samtpfoten sind vor solchen wenig liebenswerten Anwandlungen leider nicht gefeit.
Manche Katze möchte einem solchen Überfall lieber aus dem Weg gehen und vermeidet es daher, dem Angreifer diese Chance überhaupt zu geben, indem sie die Toilette einfach umgeht. Ansonsten gilt, dass Katzen die reinlichsten Tiere sind, die ihr persönliches Revier nicht absichtlich verunreinigen.

Bitte keine Bestrafung

Bestrafungsaktionen wie Schlagen oder womöglich die Katzennase in die Ausscheidungen zu drücken sind absolut falsch und bewirken bei Unsauberkeit sogar das Gegenteil. Für Katzen ist dies mindestens genauso unerträglich wie für uns, wenn das jemand mit uns machen würde.

Wahrscheinlich noch schlimmer, da sie einen viel empfindlicheren Geruchssinn haben als wir und den Grund für diese Aktion definitiv nicht erkennen können.
Bitte auch nicht mit Schimpfen reagieren.
Die meisten Katzen, die in die Wohnung koten, sind eher unsichere und ängstliche Tiere, was sich dadurch noch verstärken würde. Die bereits bestehende Erregung wird zusätzlich gesteigert und liefert einen weiteren Grund für neue Entlastungsreaktionen.
Das unerwünschte Verhalten sollte daher besser einfach ignoriert werden, um den Stresslevel zu verringern.

Die Benutzung der Katzentoilette dagegen sollte jedes Mal besonders gelobt und mit Streicheln oder einem Leckerchen belohnt werden. So lernt die Katze, dass es sich lohnt, diese Örtlichkeit aufzusuchen.

Es ist jedoch wichtig, dass genau in dem Moment gelobt wird, in dem die Katze die Toilette benutzt, damit sie die Belohnung auch genau mit ihrer Handlung in Verbindung bringen kann. Sonst freut sie sich zwar, weiß aber gar nicht, womit sie sich das verdient hat.

Beweggründe

Wenn fremde Personen oder Tiere neu in eine Familiengemeinschaft kommen, können manche Katzen mit Koten in der Wohnung darauf reagieren, meistens aus Unsicherheit, aber auch aus Dominanzverhalten. Angst steigert die Neigung einer Katze, häufiger und oftmals auch wahllos Kot abzusetzen.
Es gilt immer, möglichst die genaue Ursache für ein solches Verhalten herauszufinden, um sie im Idealfall beseitigen zu können. Wenn dies aber nicht möglich ist, muss der Katze geholfen werden, sich mit den gegebenen Umständen besser arrangieren zu können.
Außerdem muss unbedingt die Persönlichkeitsstruktur der jeweiligen Katze berücksichtigt werden, um herauszufinden, wo genau anzusetzen ist, um diesem Tier mit seinen einzigartigen Lebensumständen zu helfen, die Unsauberkeit wieder aufgeben zu können.

Dazu gehören unter anderem bestimmte Verhaltensregeln für den Halter, die richtige Bach-Blütenmischung und die verunreinigte Stelle für die Katze unattraktiv zu machen, sodass dieses Verhalten dort für sie unangenehm oder sogar unmöglich wird.

Ein Häuflein mitten in der Wohnung

Fallbeispiel

Ein Ehepaar, das vor kurzem von einer Etagenwohnung in ein schönes Häuschen nach Norddeutschland mit eigenem Garten gezogen war, rief mich an. Sie meinten, dass dies doch jetzt für ihr Katzenpärchen das Paradies sein müsste, da es vorher keinen Freilauf hatte und jetzt nach draußen durfte.

Vor allem dem Kater war das aber wohl nicht ganz geheuer. Er verhielt sich draußen sehr unsicher, vor allem, wenn fremde Katzen auftauchten. Ansonsten hatten beide Katzen den Umzug aber gut überstanden und fühlten sich im Haus wohl. Allerdings erzählte mir das Paar, dass der Kater begonnen hatte, regelmäßig ins Esszimmer zu koten. Sie baten mich um Hilfe, da dies ein unzumutbarer Zustand für sie war.

Unsauberkeit ist für den Katzenhalter unangenehm, Koten in der Wohnung noch unangenehmer, und wenn es dann auch noch gerade im Esszimmer geschieht ...

Ich kann das absolut verstehen, aber Katzen haben zu ihren Ausscheidungen einfach ein ganz anderes Verhältnis als wir. Für sie gehört es dazu, im Notfall Urin und Kot als deutliches Kommunikationsmittel einzusetzen. In der Regel benutzen Katzen jedoch innerhalb der Wohnung selten ihren Kot als geruchliche und optische Markierung, so wie sie es draußen tun.
Grund für das Markieren mit Kot ist fast immer eine tiefe Verunsicherung der Katze. Sie möchte auf diese Weise eine ganz deutliche Botschaft hinterlassen, die weder übersehen noch »überrochen« werden kann.

Gesundheitliche Ursachen

Natürlich mussten wir im Vorfeld zuerst einmal gesundheitliche Ursachen ausschließen können. Diese waren aber hier nicht der Fall, da es sich weder um Durchfall noch Verstopfung handelte, und der Kater nicht nur einzelne Kotstückchen verloren hatte.
Das wäre dann ja willkürlich an unterschiedlichen Stellen geschehen und nicht immer an derselben. Es war also deutlich die Absicht zu erkennen, dass an dieser Stelle im Esszimmer eine Nachricht hinterlassen werden sollte.

Der tatsächliche Grund

Was war nur der Grund bei einem Katzenpärchen, das mit seinen Haltern vor kurzem in ein schönes Häuschen mit eigenem Garten umgezo-

Viele Katzen haben Angst, dass eine fremde in ihr Revier eindringt, auch wenn dies meistens keine Realität wird.

gen war? Eigentlich war es für die Katzen doch wirklich ein Vorteil, dass sie jetzt hinaus in die freie Natur durften. Ich hatte jedoch bereits einen Verdacht.

Auf meine Nachfrage, wohin er denn genau kotete und was es an dieser Stelle Besonderes gäbe, kam heraus, dass es direkt vor der Terrassentüre geschah.

Als ich nachhakte, erfuhr ich, dass er dort häufig saß und hinausschaute, wobei er dann auch manchmal fremde Katzen sah, die frech durch seinen Garten spazierten, was ihn immer sehr aufregte.

Der Grund für das Verhalten des Katers war damit klar. Aus seiner kätzischen Sicht verhielt er sich vollkommen nachvollziehbar. Dies war eine strategisch sehr bedeutsame Stelle, denn er konnte die fremden Katzen von dort aus sehen, und er wusste auch, dass dies eine Türe war, durch die man hinaus, aber eben auch hineingehen konnte.
Somit musste er einfach eine Sicht- und Geruchsschwelle setzen, damit die anderen Katzen es ja nicht wagten, womöglich auch noch diese Grenze zu überschreiten und in sein direktes Revier einzudringen. So hinterließ er also eine entsprechende unübersehbare Nachricht: »Wehe! Hier wohne ich! Kommt ja nicht hier rein!«
Die Katze dagegen beobachtete die gleiche Situation völlig gelassen und ließ sich davon nicht beeindrucken.

Aufklärung

Ich bat die Katzenhalter, von jeglichen Bestrafungsaktionen abzusehen. Sie sollten auch nicht mit Schimpfen reagieren, denn ihr Kater war eher unsicher und ängstlich, was sich dadurch noch verstärkt hätte.

Die bereits bestehende Erregung wäre zusätzlich gesteigert worden und hätte ihn dazu gebracht, seinen inneren Druck auf eine Weise abzubauen, die nicht wünschenswert war.
Stattdessen sollten sie sein unerwünschtes Verhalten einfach ignorieren, um den Stresslevel des Katers zu verringern beziehungsweise nicht noch zu verstärken.

Die Benutzung der Katzentoilette dagegen sollten sie jedes Mal ausgiebig loben und mit Streicheln oder einem Leckerchen belohnen, damit der Kater lernte, dass sich dieses Verhalten lohnte.

Es war jedoch wichtig, dass dies genau in dem Moment geschah, wenn er die Toilette benutzte, damit er die Belohnung auch genau mit seinem Verhalten in Zusammenhang bringen konnte.

Durch gezieltes Hinterfragen stellte sich weiterhin heraus, dass das Koten bei diesem Kater nicht aus einem Dominanzgehabe heraus, sondern wirklich aus tiefster Verunsicherung geschah.

Dies herauszufinden ist natürlich außerordentlich wichtig, um tatsächlich die richtige Bach-Blütenmischung zu finden, die für jedes Tier ganz individuell ausfällt und von vielen Faktoren abhängt. Ansonsten handelt es sich um einen Irrtum, und eine Therapie in die verkehrte Richtung kann natürlich nicht helfen. Die Bach-Blüten unterstützten den Kater dabei, mehr in sein inneres Gleichgewicht zu kommen und zukünftig ausgeglichener und souveräner zu reagieren.

Zusätzlich gab ich den Tipp, ein Schälchen mit Trockenfutter auf der »entweihten« Stelle zu platzieren, um diese für ihn weniger reizvoll zu machen.

Der Kater wurde tatsächlich selbstbewusster und war in der Lage, dieses Verhalten aufzugeben und keinen Kot mehr dort abzusetzen. Er reagierte nun auch souveräner, wenn er die fremden Katzen in seinem Garten sah. Darüber war das Ehepaar natürlich sehr froh und konnte endlich wieder mit einem guten Gefühl Gäste empfangen.

Kapitel 5 | Angst

Ein ungewöhnliches, Angst auslösendes Ereignis kann bewirken, dass eine Katze ein verändertes Verhalten zeigt. Dies kann nur vorübergehend der Fall sein, aber auch anhalten. Katzen können also generell ängstlich reagieren, wenn sie einmal ein traumatisches Erlebnis hatten. Es spielt dabei keine Rolle, ob dieses Ereignis erst vor Kurzem oder bereits vor langer Zeit geschah.

Negative Erfahrungen mit Artgenossen, anderen Tieren oder auch mit Menschen kann eine Katze speichern und dann bei einem Kontakt beziehungsweise in einer ähnlichen Situation entsprechend auffällig reagieren. Eine Katze, die bestraft, grob angefasst, bedrängt oder mit Gewalt festgehalten wurde, kann nur auf diesen einen Menschen, der ihr das angetan hat, mit Angst reagieren, aber genauso gut auf alle. In diesem Fall hat ein bestimmtes Verhalten eines Menschen auf die Katze regelrecht traumatische Auswirkungen, die ihr Leben beeinträchtigen.

Katzenhalter versuchen beispielsweise gerade bei Angstproblemen, eine Katze gegen ihren Willen festzuhalten oder zu streicheln, um ihr zu zeigen, dass sie nichts zu befürchten hat. Oftmals nehmen sie die Katze auf den Arm und wollen sie auf diese Weise dann mit dem Objekt ihrer Angst konfrontieren. Solche gut gemeinten Ansätze verschlimmern das Problem jedoch nur noch mehr, weil sie die Katze in ihrer Unsicherheit bestätigen.
Außerdem empfindet sie es als zusätzliche Bedrohung, da sie festgehalten und ihr jede Fluchtmöglichkeit genommen wird.
Auch gegenseitiges Bedrohen oder Kämpfe unter Katzen trägt zu einer Verstärkung der Angst auf beiden Seiten bei. Dabei kann es sogar zu angstbedingten Aggressionen kommen. Das führt dann sogar dazu, dass es bei der nächsten Begegnung der beiden Kontrahenten zu einer Angstreaktion oder aber Aggression einer der Katzen kommt, auch wenn die andere zu diesem Zeitpunkt keinerlei Drohgebärden zeigt.

Luna, die Katze, die sich nachts verwandelte

Fallbeispiel

Frau S. rief mich an und erzählte, dass sie eine Katze namens Luna aus dem Tierheim zu sich geholt hätte. Diese sei sehr schüchtern und scheu, ließe sich nicht anfassen und würde sich immer zurückziehen.
Erstaunlich war allerdings, dass sie nachts im Bett Kontakt zu der Frau aufnahm, während sie deren Ehemann auch dort mied. Natürlich wünschte sich Frau S., dass sie Luna auch tagsüber streicheln könnte, aber sobald sie es versuchte, lief diese weg und verkroch sich.

Ich fand es natürlich äußerst interessant, dass sich die Katze nachts traute, Kontakt aufzunehmen und fragte genauer nach. Dabei erfuhr ich, dass sich das Schlafzimmer unter dem Dach befand, mit einer relativ niedrigen Decke und vielen Schrägen. Das Bett stand auch genau unter einer Schräge. Mir kam sofort die Vorstellung einer »Höhle«, in der sich Luna geborgener und sicherer fühlte. Hinzu kam, dass die großen Menschen bedeutend ungefährlicher wirkten, wenn sie sich in einer liegenden Position befanden. Da sie sich im Bett zudem ruhig verhielten, ihre Aktivitäten einstellten und irgendwann schliefen, wurden sie noch vertrauenserweckender. Dann traute Luna sich, Nähe zu suchen, und Frau S. durfte sie sogar streicheln.

Eine Therapie, die Vertrauen schafft

Mit diesen Informationen hatten wir schon eine gute Basis, auf der wir aufbauen konnten. Es ging jetzt darum, Luna zu vermitteln, dass sie auch tagsüber Vertrauen haben konnte. Ich empfahl Frau S., die Katze mit Futter in einen nicht zu großen Raum zu locken, dann die Türe zu schließen und sich ganz selbstverständlich auf den Boden zu setzen und zu lesen, ohne Luna zu beachten. Wenn diese sich nach einer gewissen Zeit entspannt hatte, weil sie merkte, dass sie in Ruhe gelassen wurde und man nichts von ihr wollte, konnte Frau S. beginnen, ihr Leckerchen anzubieten. Auch das ohne viel Aufhebens und ohne besondere Beachtung, so als sei es das Normalste der Welt.

Anfangs dauerte es etwas, bis Luna wirklich mutig genug war, sich zu nähern, um die Leckerchen anzunehmen. Doch nachdem auch die empfohlenen Bach-Blüten begannen, ihre Wirkung zu entfalten, wurde es von Mal zu Mal besser. Nachdem sich die Katze irgendwann länger streicheln ließ und sich sogar anschmiegte, duldete sie dies auch außerhalb des Raumes.

Die Vorgeschichte einer Katze

Gerade Tierheimkatzen haben einiges in ihrem Leben erlebt – und in der Regel nicht viel Gutes. In den meisten Fällen erfährt man leider nichts Genaues über die Vorgeschichte, und vieles bleibt im Dunkeln. Wenn derjenige, der die Katze abgibt, selbst nicht gut zu ihr war, wird er das wohl auch kaum zugeben. So tragen diese Tiere oft ein gut behütetes Geheimnis mit sich herum.

Auf jeden Fall musste Luna erst wieder lernen, Menschen zu vertrauen und sie als ungefährlich einzuordnen. Ihre Erfahrungen mit Männern mussten noch negativer gewesen sein, denn es dauerte längere Zeit, bis auch Herr S. sich der Katze nähern und sie zumindest flüchtig streicheln konnte. Katzen vergessen nicht so einfach und werden in gewissen Situationen immer wieder an frühere Erlebnisse erinnert. Sie reagieren entsprechend, obwohl ihnen im aktuellen Fall gar keine Gefahr droht.

Es braucht seine Zeit

Es ist erforderlich, sehr viel Geduld, Liebe und Einfühlungsvermögen zu beweisen. Jeder, der sich eine Katze aus dem Tierheim holt, sollte dazu bereit sein. Man kann viel bewirken, aber Wunder dauern einfach länger. Dafür wird man eines Tages mehr als reichlich für alles belohnt, weil die Katze irgendwann in der Lage ist, zu erkennen, dass alles Schlechte nun hinter ihr liegt, sie ein schönes neues Zuhause hat, in dem sie sicher ist, zuverlässig versorgt und geliebt wird, und wo sie für immer bleiben darf.

Dann hat das Misstrauen, zumindest der Bezugsperson gegenüber, ein Ende. Allerdings kann es sein, dass sie sich anderen Familienmitgliedern weiterhin eher zurückhaltend verhält und Fremde unverändert meidet.

Hilfe, fremde Eindringlinge!

Fallbeispiel

Eine Katzenhalterin rief mich an und erzählte, dass sie zwei Katzen habe. Sie schwärmte davon, wie gut die beiden sich verstehen. Auch seien beide herrlich verschmust und anhänglich. Ich wunderte mich, warum sie eine Katzenpsychologin anrief, wenn doch alles in bester Ordnung war, und dachte schon, dass sie sich vielleicht selbst dazu ausbilden lassen wollte, um auch anderen Menschen dieses harmonische Miteinander mit ihren Katzen zu verschaffen. Doch dann erzählte sie, dass während sich ihre Katze völlig relaxt verhielte, wenn Besuch käme, der Kater sich die ganze Zeit über ängstlich verkriechen würde.

Ich erfuhr, dass der Kater aus dem Tierheim war und die Halterin leider nichts über seine Vorgeschichte wusste. Ihr war jedoch aufgefallen, dass er bei Besucherinnen manchmal wenigstens bis zur Zimmertüre kam und einen neugierigen Blick in den Raum warf, allerdings ohne näher zu kommen. Bei männlichen Besuchern dagegen ließ er sich die ganze Zeit über gar nicht blicken. Sie konnte machen, was sie wollte, alle Lockversuche blieben erfolglos.

Bitte keine Lockversuche

Ich hakte nach, wie ihre Lockversuche denn aussähen, und erfuhr, dass sie sich vor das Versteck des Katers, das sich meistens unter dem Bett im Schlafzimmer befand, kniete und auf ihn einredete. Sie versuchte, ihm klarzumachen, dass es keinen Grund gäbe, sich zu verstecken und er bitte herauskommen möge. Der Kater ließ sich nicht darauf ein, denn er sah die Sache anders. Kann man es ihm verdenken? Auch, wenn Tiere in ihrem aktuellen Zuhause keinerlei schlechte Erfahrungen mit Menschen gemacht haben, heißt das noch lange nicht, dass das in ihrem bisherigen Katzenleben immer so war.

Eine bereits im Kittenalter gemachte negative Erfahrung mit einem menschlichen Wesen kann sich auf das gesamte weitere Leben auswirken, da in dieser Zeit eine entscheidende Prägung stattfindet. Wir wissen nicht, was der kleine Kerl erlebt hat, bevor er im Tierheim landete. Gerade, wenn ich höre, dass Katzen verstärkt auf Männer ängstlich reagieren, läuft bei mir immer ein Film ab, denn so ein Verhalten kommt nicht von ungefähr.

Jedenfalls hatte dieser Kater einfach gelernt, potenziellen Gefahren aus dem Weg zu gehen, um sich zu schützen. Aus seiner Sicht war sein Verhalten völlig nachvollziehbar und richtig. Wenn dann aber seine Bezugsperson kam und in einem so merkwürdigen und immer fordernder werdenden Tonfall auf ihn einredete, konnte das doch nur bedeuten, dass tatsächlich etwas nicht stimmte. Sie verhielt sich doch sonst nicht so, wenn er sich mal zurückzog, weil er seine Ruhe haben wollte. Er musste also auf jeden Fall in seinem Versteck bleiben, damit er sicher war. So etwas Ähnliches wird wohl in dem Kater vorgegangen sein, als er sich dazu entschloss, unter dem Bett liegen zu bleiben.

Er fühlte sich durch die fremden Stimmen, die Gerüche und Schritte verunsichert, und dann wurde er auch noch unter Druck gesetzt.

Auf keinen Fall Zwang ausüben

Ganz fatal wird es, wenn man eine Katze in solch einer Situation auf den Arm nimmt und sie in den Mittelpunkt des Geschehens bringt. Sie wird sich verzweifelt mit ganzer Kraft und vollem Kralleneinsatz dagegen wehren, voller Panik in den Augen. Wir brauchen uns nur vorzustellen, dass wir vor einer Situation oder einer Person Angst haben, jemand kommt, packt uns, zieht uns den sicheren Boden unter den Füßen weg, hält uns fest und zwingt uns dazu, mit dieser Situation oder einem bestimmten Menschen ganz nah konfrontiert zu werden. Wie würden wir uns fühlen, und wie würden wir reagieren? Kann man es einem solch kleinen Kerl verübeln, dass er es lieber erst gar nicht darauf ankommen lässt?

Echte Höflichkeit

Wenn der Kater sich bei weiblichem Besuch immerhin schon bis an die Wohnzimmertüre traute, weil die Neugier zumindest für einen Moment stärker war als die Angst, tat die Frau in diesem Moment genau das Verkehrte. Sie reagierte wie ein Mensch und forderte ihn voller Begeisterung und Hoffnung auf, doch näher zu kommen – und alle weiblichen Anwesenden starrten ihn an und fielen begeistert mit ein: »Ach, da ist er ja endlich. Ja, komm doch mal hierhin. Wer bist du denn? Komm mal zu mir, damit ich dich anfassen kann. So ein süßer Kerl.« Hilfe! Schwupps, war der Kater wieder weg. Was unter Menschen freundlich und ermutigend ist, ist unter Katzen verpönt. Für die zeugt nämlich genau das Gegenteil von Höflichkeit.

Wegschauen, ignorieren, so tun als sei nichts. Das ist das Verhaltensschema, mit dem eine Katze einer anderen ermöglicht, sich ungehindert einen Eindruck von der Situation zu machen, um sich dann eventuell vorsichtig etwas anzunähern, ohne gleich vereinnahmt oder (an)gegriffen zu werden.

Akzeptanz und Toleranz

Die Mehrzahl der Katzenhalter verhält sich absolut menschlich, was ja auch völlig verständlich ist und von den meisten Katzen generös akzeptiert wird. Bei sensiblen, ängstlichen oder verhaltensauffälligen Katzen gilt es jedoch, sich in die Katze hineinzuversetzen und zu versuchen, die Welt aus ihrer Perspektive zu sehen.

Akzeptanz und Toleranz sind ganz wichtige Faktoren für das Zusammenleben mit einer Katze. Ich fragte die Frau, was denn schlimm daran wäre, wenn der Kater es vorzöge, Besuch, der sowieso nicht ihm, sondern ihr galt, lieber aus dem Weg zu gehen. Er toleriert diesen »Eindringling« doch großzügig in seinem Revier. Ist das denn nicht genug? Für sie war es nicht genug, denn sie wollte den Kater stolz präsentieren und unbedingt einbeziehen.

Eine gute Lösung

Ich erklärte der Dame, dass wenn sie eine andere Haltung einnehmen und einfach akzeptieren würde, dass der Kater seine eigenen Wege ginge, während sie sich ihrem Besuch widmete, sich am ehesten etwas verändern würde. Der Kater fühlte sich dann nicht gefordert oder gezwungen, sondern würde nach einer gewissen Zeit feststellen, dass eigentlich gar nichts passierte. Da waren zwar fremde Stimmen und Geräusche, aber das hatte keine weiteren Aus-

wirkungen für ihn. Dann könnte die Neugier siegen, gerne einmal aus der Nähe zu sehen, was denn da los ist. Wenn er auch dies ungestört tun könnte, ohne dass sich sofort die gesamte Aufmerksamkeit auf ihn richtete, wäre er vielleicht nach und nach bereit, sich weiter auf das Geschehen einzulassen. Vorausgesetzt, man ließe ihn weiter in Ruhe und vermittelte ihm, dass alles völlig normal und unbedenklich wäre.

Ich bot der Halterin an, den Kater mit einer individuellen, allein auf ihn abgestimmten Bach-Blütenmischung zu unterstützen, die sein Selbstvertrauen stärkte, seine Ängste minderte und auf sein gesamtes Wesen ausgleichend wirkte. Es bestünde auch die Möglichkeit einer regelrechten Desensibilisierungstherapie, bei der eine Katze wohldosiert und vorsichtig regelmäßig mit fremden Menschen konfrontiert wird.

Dazu sei jedoch sehr viel Zeit, Geduld und Fingerspitzengefühl notwendig, denn ansonsten könne sich das Problem eher noch verschlimmern. Die Dame meinte, dass sie nur relativ selten Besuch bekäme, der dazu in der Regel eher weiblich wäre, sodass dieser Aufwand wohl eher nicht lohnte. Sie wollte dem Kater mit den Bach-Blüten helfen und ansonsten beherzigen, dass sie und ihr Besuch sich in den entsprechenden Situationen anders verhalten.

Tatsächlich meldete sie sich nach einiger Zeit voller Begeisterung und berichtete, dass es tatsächlich funktioniert hätte. Irgendwann habe der Kater das Wohnzimmer betreten und als keine Reaktion erfolgte, habe er die abgestellten Handtaschen der Besucherinnen inspiziert.

Als beim nächsten Mal eine der Frauen einen kleinen Katzenwedel dabei hatte, den sie über den Boden huschen ließ, gab der Kater tatsächlich seine Skepsis auf und ließ sich auf das Spiel ein. Auch, als die Frau sich während des Spielens langsam mit der anderen Hand näherte und ihn streichelte, ließ er dies anstandslos geschehen. Seitdem war der Bann gebrochen.

Smokey und der blaue Dunst

Fallbeispiel

Frau Z. rief mich an und erzählte, dass sie vor einiger Zeit die Katze ihrer Mutter zu sich genommen habe, weil sie wegen Arbeitslosigkeit mehr Zeit für sie hätte. Smokey hatte sich eigentlich erstaunlich schnell an die neue Umgebung gewöhnt, aber Frau Z. und ihrem Freund gegenüber war sie sehr zurückhaltend und zog sich immer mehr zurück. Dies war auch mir zuerst einmal unverständlich, da sie die beiden ja schon vorher durch Besuche bei der Mutter kannte.

Kein Lärm

Ich begann genau zu hinterfragen, in welchen Situationen Smokey sich zurückzog. Nach und nach kam heraus, dass bei Frau Z. häufig sehr laut Musik gehört wurde, sodass Smokey eilig das Zimmer verließ und sich zeitweise sogar regelrecht verkroch. Ich fragte etwas irritiert, ob Frau Z. denn nicht bekannt wäre, wie empfindlich Katzenohren seien, da sie ein vielfach feineres Gehör hätten als wir Menschen. Ihnen täte ein solcher Lärm regelrecht weh, und zudem bedeutete große Lautstärke für sie eher Gefahr. Frau Z. schob es auf ihren Freund, der ein Anhänger lauter Musik wäre. Ich bat sie, ihn aufzufordern, sich in solchen Momenten Kopfhörer aufzusetzen.

Das Hörvermögen der Katze beruht auf der Fähigkeit, Schall im Frequenzbereich von 30 und 65 Kilohertz wahrzunehmen, was bedeutet, dass sie besonders hohe Töne besser wahrnehmen als besonders tiefe sowie weitaus besser hören können als der Mensch.

Katzen sind zudem Meister der akustischen Ortung, die zwei unterschiedliche Schallquellen sogar in einer Entfernung von zwanzig Metern noch getrennt wahrnehmen können. Katzenohren dienen außerdem als wichtige Stimmungsbarometer und sind äußerst beweglich. Kitten werden blind und taub geboren, und erst mit etwa drei Wochen ist es ihnen möglich, gezielt zu hören.

Keine starken Gerüche

Weiterhin kam heraus, dass Smokey sehr empfindlich auf Gerüche reagierte, vor allem, wenn ihre Menschen sich stark parfümierten. Auch hier tat die Aufklärung not, wie empfindlich eine Katzennase ist, sodass starke Gerüche eine große Belastung darstellten. Das Geruchsvermögen der Katze basiert auf 60 bis 70 Millionen Riechsinneszellen und ist somit einem Hund mit 200 bis 500 Millionen eher unterlegen, dem Menschen mit seinen 5 bis 10 Millionen Riechsinneszellen jedoch weit überlegen. Katzennasen sind darum viel empfindlicher als unsere und reagieren auf scharfe, strenge, chemische Gerüche überaus empfindlich. Darauf sollte Rücksicht genommen werden.

Ich selbst achte sehr darauf, aber mein Kater, der sehr neugierig ist und gerne alles genau untersuchen möchte, kneift sogar regelrecht die Augen zusammen, wenn er an etwas Entsprechendem riecht, als ob von dort ätzende, für uns unsichtbare Schwaden ausgehen würden.

Nicht rauchen

Als Frau Z. dann irgendwann erwähnte, dass die Katze aber auch das Zimmer verließe und einen längeren Rückzug anträte, wenn sie einfach nur gemütlich zusammensäßen und sonst nichts weiter wäre, wusste ich sofort Bescheid. Ich hatte während des Gesprächs immer wieder vernommen, wie Frau Z. Zigarettenrauch ausblies. Es kam heraus, dass beide sehr starke Raucher waren, was für Katzen eine absolute Zumutung ist.

Die armen Tiere müssen nicht nur den Gestank durch ihre empfindliche Nase einatmen, sondern inhalieren ihn auch in ihre Lunge, die dadurch geschädigt wird. Sie können dadurch sogar Asthma bekommen. Zudem spüren sie beim Putzen nicht nur den unangenehmen Geschmack des Qualms, der sich auf ihr Fell gelegt hat, sondern nehmen so das Nikotin auch oral auf. Welcher Nichtraucher nimmt nicht am nächsten Morgen den starken Rauchgeruch in seinen Haaren wahr, wenn er am Vorabend auf einem Fest war? Der Grund, warum Smokey sich nie länger von den beiden streicheln ließ oder mit ihnen schmusen wollte, lag dadurch ebenfalls auf der Hand. Die Hände, die Kleidung und eigentlich der ganze Mensch roch für ihre Katzennase einfach äußerst unangenehm.

Eine weitere Gefahrenquelle sind herumliegende Zigaretten. Spielt eine Katze mit Zigarettenkippen und frisst davon, kann es nach Speicheln und Erbrechen zum Atemstillstand kommen. Nikotin wirkt nämlich auf das Atemzentrum einer Katze und kann sie töten. Ich bat Frau Z. dafür zu sorgen, dass nur noch in einem Raum der Wohnung geraucht wird. Das war natürlich auch nicht wirklich optimal, da Rauch durch jede Ritze zieht.

Rücksicht nehmen

Smokey hatte definitiv Stress in ihrem neuen Zuhause, da auf sie keine Rücksicht genommen wurde. Die Menschen verhielten sich einfach so, als wären sie nach wie vor alleine. Wenn die beiden nicht bereit waren, grundlegend etwas zu ändern, sollten sie lieber ein besseres Zuhause für Smokey suchen, denn auf Dauer würde diese physisch und psychisch unter der Lebenssituation zu sehr leiden. Sogar Katzen, denen all das scheinbar nichts ausmacht, leiden unter Zigarettenrauch, Lärm und starken Gerüchen. Sie lassen es sich nur nicht so deutlich anmerken.

Mich erstaunt es immer wieder, ob bei meinen Fernlehrgangsteilnehmern oder bei Klienten, wie groß das Verlangen zu rauchen ist. Sie würden wirklich alles für ihr Tier tun, außer aufhören zu rauchen, denn die Sucht ist leider noch stärker als die große Liebe zu ihrer Katze.

Katzen am besten schrittweise an Autofahrten gewöhnen.

Mimosa, Hilfe, ich muss zum Tierarzt!

Fallbeispiel

Frau K. rief mich an und erzählte, dass ihre Katze Mimosa panische Angst vor einem Tierarztbesuch hätte. Wenn sie nur schon den Transportkorb sähe, würde sie sich sofort verkriechen und wäre nur mit Gewalt hinein zu bekommen. Im Wartezimmer versteckte sie sich unter dem Polster im Transportkorb. Nach dem Motto: »Wenn ich nichts sehe, sieht mich auch keiner.« Im Sprechzimmer käme Mimosa nie freiwillig aus dem Korb. Dann läge sie stocksteif vor Angst, geduckt auf dem Untersuchungstisch, mit wahnsinnigem Herzklopfen und einer schnelleren Atmung. Frau K. tat ihre Katze dann immer furchtbar leid, zumal der Tierarzt der Meinung war, die Katze sollte sich nicht so anstellen und recht forsch mit ihr umging.

Innerlich war ich einige Male bei diesen Aussagen zusammengezuckt, weil ich mich so gut in Mimosa hineinversetzen konnte. Auch wenn sie aus menschlicher Sicht bisher nichts Tragisches erlebt hatte, reichte so etwas bei einer sensiblen Katze schon aus. Ich erklärte Frau K., dass wenn der Transportkorb immer nur dann hervorgeholt würde, wenn es zum Tierarzt ginge, die Katze ihn natürlich mit diesem für sie unangenehmen Erlebnis verknüpfte.

Darum sollte er unbedingt einige Zeit vorher geöffnet, ohne Türe, damit diese nicht von selbst zufallen konnte, in die Wohnung gestellt werden. Anfangs wird die Katze ihn meiden, doch wenn sie merkt, dass nichts geschieht, wird die Neugier siegen, vor allem wenn Leckerchen und ihr Lieblingsspielzeug darin liegen.

Wenn es dann soweit ist, die Katze mit einem Leckerbissen in den Korb locken, sodass sie von alleine hineingeht. Auf keinen Fall die Katze jagen und gegen ihren Willen »hineinstopfen«. Dann ist ihr Adrenalinspiegel schon sehr hoch, und sie rechnet erst recht damit, dass im Anschluss etwas noch Schrecklicheres geschieht.

Das richtige Vorgehen

Wenn die Katze das Bedürfnis hat, sich vor fremden Gerüchen, Tieren, Menschen im Wartezimmer zu verstecken, sollte ihr das ruhig zugestanden werden. Sie sollten sie auf keinen Fall hervorzerren oder ständig dazu auffordern, herauszukommen. Für den Besuch beim Tierarzt eignen sich geräumige Transportkörbe aus Kunststoff am besten, bei denen nicht nur die Türe vorne zu öffnen ist, sondern bei denen das gesamte Oberteil entfernt werden kann. Dann sitzt die Katze in der unteren Schale, die ihr immer noch einen gewissen Schutz vermittelt, kann aber vollständig ringsherum untersucht werden.

Zu Hause einfach einmal bestimmte Handgriffe mit der Katze trainieren. Dazu gehört, ihr die Schnauze zur Zahnfleischkontrolle zu öffnen und eventuell sogar mit einem kleinen Leckerchen die Tabletteneingabe zu proben. Der Katze regelmäßig in die Ohren schauen und diese mit einem weichen Tuch säubern. Bei den Augen vorsichtig das Unterlid herunterziehen, um eine eventuelle Rötung der Bindehaut zu erkennen und die Augen bei Bedarf säubern.
Die Katze liebevoll am ganzen Körper berühren und streicheln, was eine abtastende Untersuchung simuliert. Alles muss sehr einfühlsam und ohne Zwang oder Gewalt stattfinden. Am besten gewöhnt man die Katze bereits von klein auf daran.

Bei einer erwachsenen Katze muss schrittweise und ohne jeglichen Stress für das Tier vorgegangen werden.
Dass vor allem männliche Tierärzte häufig der Meinung sind, ein Tier würde sich »anstellen«, weil sie ihm schließlich nichts Böses wollten, höre ich immer wieder. Da fehlt wohl leider das nötige Einfühlungsvermögen. Es reicht nicht, der Katze zu sagen, dass doch nichts Schlimmes geschähe und sie gefälligst stillhalten solle. Katzen können unsere Sprache nicht verstehen, aber den ungeduldigen und fordernden Unterton sehr wohl. Ich finde es bedauerlich, dass es so gut wie keine Praxen gibt, die sich nur auf Katzen spezialisieren. Dann gäbe es im Wartezimmer keine hechelnden und bellenden Hunde mehr, und im Sprechzimmer würde es nicht nach »Hundeangst« riechen. Man könnte stattdessen leise entspannende Musik und für die Katze angenehme Gerüche einsetzen. Das Fachpersonal hätte selbst Katzen, würde sich somit mit dieser Spezies bestens in jeder Lebenslage auskennen und entsprechend einfühlsam vorgehen. Eine Wohltat für Katze und Halter.

Ich empfahl Frau K. zudem eine Bach-Blütenmischung, die Mimosa helfen konnte, und bat sie, einmal Ausschau nach einer einfühlsameren Tierärztin zu halten, die liebevoller mit der sensiblen Katze umginge.

»Na, warte Freundchen!«

Sporadisch entstehende Aggressionen sind selbst bei Katzen, die ein ausgesprochen freundschaftliches Verhältnis zueinander haben, ganz normal. Manche Katzen wollen einfach auch nur ihre aufgestaute Jagdenergie abbauen und benutzen dann eine Mitkatze als »Beuteersatz«. Um ein spielerisches Verhalten handelt es sich, wenn sich zwei Katzen belauern, anspringen und dann mit den Pfoten umklammern.

Dabei wird der jeweilige Gegner auch schon einmal zum Schein gebissen und mit den Hinterpfoten getreten. Beide Katzen lassen dann ganz plötzlich los, rennen auseinander, und das Gleiche beginnt erneut.

Hierbei handelt es sich um völlig ungefährliche Scheingefechte. Wichtig ist jedoch, dass beide Tiere ihren Spaß daran haben. Ist eine Katze der anderen körperlich überlegen, wie häufig ein Kater einer Kätzin, oder trifft eine solche Attacke ein sehr ängstliches Tier, hat das meist nichts Spielerisches mehr.

Das bringt die Unterlegene dann auch deutlich zum Ausdruck, durch Fauchen oder sogar Schreien sowie eine Abwehrhaltung, die eine erhebliche Fluchttendenz hat. Dann ist das Rollenverhältnis einfach nicht gerecht verteilt, sondern die eine Katze immer das Opfer. Das führt dann zu ständigem Stress.

Ursachen und Hintergründe

Aggressionen unter Katzen haben die unterschiedlichsten Ursachen und können sowohl angst- als auch stressbedingt erfolgen. Wird eine Katze mit einer potenziellen Gefahr konfrontiert, ist ihr erster Impuls die Flucht, falls sie die Möglichkeit dazu hat. Ist eine Flucht unmöglich, zieht sie sich zurück, verkriecht sich in einer Ecke und versucht, jeglichen Kontakt zu vermeiden. Eine andere mögliche Reaktionsweise ist eine Mischung aus Rückzug und Angriff. Es kommt dann wechselweise zu Aggression mit Pfotenhieben sowie defensivem Fauchen mit Rückzug, um sich so zu verteidigen. Aggressives Verhalten stellt für eine Katze großen Stress und einen Verlust an Energie dar. Wenn es tatsächlich zu einem Kampf kommt, entstehen fast nie ernsthafte Verletzungen, sondern meistens geht es mit herumfliegenden Fellbüscheln und Kreischen ab. Trotzdem kann es auch schon einmal geschehen, dass eine Katze leicht blutet, wenn sie ungünstig von den Krallen getroffen wurde.

In der Regel jedoch kommt es zwischen Katzen als Erstes zu einem herausfordernden Blickkontakt. Wer diesem nicht standhält, sondern als Erster wegschaut, ist der Unterlegene. Meistens ist die Auseinandersetzung damit bereits entschieden und wird beendet. Dieses Verhalten soll einen Kampf und eine daraus möglicherweise resultierende Verletzung bereits im Vorfeld vermeiden. Erst wenn die so bedrohte Katze diese Provokation annimmt und dem Blickkontakt standhält, kann es zu einem Kampf kommen. Ein weiterer Grund ist die Unterschreitung der individuellen Distanz einer Katze. Kommt nämlich ein Tier dem anderen körperlich zu nahe, kann es zu Angriff oder Abwehr kommen. Eine dominante Katze provoziert dies manchmal sogar regelrecht, wenn sie wichtige Ausgänge oder Zugänge beispielsweise zum Futter oder zur Katzentoilette versperrt, indem sie sich demonstrativ davor legt oder auch setzt. Kommt nun eine andere Katze und möchte gerne einen Raum verlassen, einen anderen betreten oder aber zu einer der genannten Ressourcen, muss sie dicht an der den Weg versperrenden Katze vorbei. Das kann diese dann als Auslöser für einen Angriff nehmen. Es kann aber auch sein, dass sie es plötzlich doch zulässt oder aber, dass die andere Katze sich nicht traut, ihren Weg unbeirrt fortzusetzen und einfach abwartet, bis es der anderen zu langweilig wird.

Häufig sind Aggressionsprobleme auf unzureichende Haltungsbedingungen zurückzuführen, wenn eine Katze zu wenig Beschäftigungsmöglichkeiten hat oder aber mit mehreren Katzen zusammen in einer Wohnung lebt. Sind zu viele Katzen gezwungen, auf zu begrenztem Raum zusammenzuleben, kommt es zwangsläufig zu Stresssituationen und somit zu Streitigkeiten. Jede Katze muss ein eigenes persönliches Rückzugsgebiet haben, wenn sie das Bedürfnis hat, ihre Ruhe haben zu wollen und ungestört zu sein. Je mehr Katzen jedoch in einem Haushalt leben, umso kleiner wird das Territorium jeder Einzelnen. Es gibt Katzen, die in einem begrenzten Lebensraum mit angriffslustigen oder dominanten Artgenossen manchmal so panisch werden, dass sie vor Angst schreien, unwillkürlich Urin und Kot ausscheiden oder aber mit einer Angstaggression reagieren. Das Bedürfnis nach Revier- und Ressourcenverteidigung entsteht ebenfalls dann, wenn eine neue Katze dazukommt.

Es wird häufig geraten, die Katzen ihre Konflikte selbst austragen zu lassen und nicht einzugreifen. Dies sollte jedoch etwas differenzierter gesehen werden. Eine Auseinandersetzung sollte immer genau beobachtet werden, um einschätzen zu können, wie ernsthaft sie ist, beziehungsweise, ob sich eine Katze tatsächlich in einer echten Notlage befindet oder sich selbst helfen kann. Vor allem, wenn es zu häufig zu Attacken kommt, die Reaktionen allzu heftig ausfallen und es ernsthafte Verletzungen gibt, muss der Mensch eingreifen. Damit ist jedoch keinesfalls ein direkter Eingriff mit körperlichem Kontakt gemeint, da dann der Mensch zur Zielscheibe eines Angriffs werden kann, weil die Aggression auf ihn umgeleitet wird. Wie eingangs beschrieben, ist ein lautes Geräusch, das der angreifenden Katze einen kleinen Schreck versetzt, sodass sie von der anderen ablässt, in der Regel am effektivsten. Es müssen immer auch gesundheitliche Ursachen ausgeschlossen werden können.

Eine Katze, die Schmerzen hat, hält jeden auf Abstand und greift notfalls auch sofort an, um nicht womöglich noch mehr malträtiert zu werden. Ein weiterer Grund ist, dass sie sich nicht so gut verteidigen kann wie unter normalen Umständen. Kehrt eine Katze vom Tierarzt zurück, kann es vorkommen, dass sie von ihren Mitkatzen zu Hause angefaucht oder sogar angegriffen wird. Das liegt daran, dass die zurückgekehrte Katze anders und daher ungewohnt riecht, sodass sie wie eine fremde Katze, also ein Eindringling, behandelt wird.

Bei einer sogenannten umgeleiteten Aggression bringt eine Katze eine erschreckende, bedrohliche oder schmerzhafte Situation irrtümlich mit einem zufällig anwesenden Artgenossen oder Menschen in Verbindung und reagiert sich dann an ihm ab, da sie ihn fälschlicherweise für den Verursacher hält.

Hält ein aggressives Verhalten zwischen zwei oder mehreren Katzen an, sollte unbedingt professionelle Hilfe gesucht werden. Mindestens die angegriffene Katze leidet sehr, aber in der Regel befindet sich auch der Angreifer in einem inneren Ungleichgewicht und fühlt sich gestresst. Die richtige Bach-Blütenmischung und eine Verhaltenstherapie sind dann erforderlich, um wieder Ausgeglichenheit und Frieden in den Katzenhaushalt zu bringen.

Sheriff + Bonanza

Wie im Wilden Westen

Fallbeispiel

Frau H. rief mich an und erzählte, dass sie einen neuen Kater namens Bonanza aus dem Tierheim zu sich genommen habe. Eigentlich hatte sie es gut gemeint und ihrem bisherigen Kater Sheriff einen Spielgefährten geben wollen. Dieser hielt von der Idee jedoch gar nichts und war stattdessen in höchstem Maße entrüstet und genervt, dass er sein Revier und sein Frauchen plötzlich teilen sollte. Er war bisher die Nummer eins gewesen und verteidigte diese Position nun mit Krallen und Zähnen.

Er beobachtete jeden Schritt, den der neue Kater tat, und verfolgte ihn, sobald er das Zimmer verließ. Es war ein absolutes Kontrollverhalten, unter dem der Neuzugang zunehmend zu leiden begann. Anfangs hatte er die immer wieder stattfindenden Attacken von Sheriff noch relativ locker genommen. Mit der Zeit aber nahm seine Verunsicherung immer mehr zu, da er sich überhaupt nicht frei in der Wohnung bewegen konnte.

Alle Beteiligten litten unter der Situation

Das war natürlich kein erträglicher Zustand für alle Beteiligten und es musste dringend etwas geschehen. Schließlich fühlte sich keiner der Betroffenen wohl in seiner Haut. Sheriff meinte, um seine Stellung kämpfen und den Widersacher am besten vertreiben zu müssen, was ziemlich stressig für ihn war. Von dem Stress des armen Bonanza ganz zu schweigen, der zusätzlich zu den vielen neuen Eindrücken, Gerüchen, Lebewesen auch noch verkraften sollte, dass er zumindest teilweise unerwünscht war und bedroht wurde. Im Tierheim war es nicht schön, aber wenigstens friedlich gewesen. Frau H. war ganz verzweifelt, weil der Haussegen schief hing, beide Kater nicht glücklich waren und sie selbst litt, weil sie hin- und hergerissen war zwischen Wut auf ihr »kleines Monster« Sheriff und Mitleid, weil sie verstand, dass er unter der Situation litt.

Hilfe suchen, anstatt aufzugeben

Frau H. wollte unbedingt alles versuchen und die Katze nur im äußersten Notfall zurück ins Tierheim bringen. Ich persönlich finde, dass genau das der richtige Weg ist und man erst einmal alles ausprobieren sollte, bevor man aufgibt und einem Wesen, das endlich ein schönes Zuhause gefunden hat, dieses einfach wieder wegnimmt. Das würde Bonanza sehr verstören, zumal er sich sehr an Frau H. angeschlossen hatte und ja auch überhaupt nichts falsch machte. Es ging also darum, Sheriff zu vermitteln, besser mit dieser neuen Situation umzugehen und souveräner auf die Anwesenheit des neuen Mitbewohners zu reagieren. Nur dann konnte er mit der Zeit erkennen, dass dieser sogar ein Spielkamerad werden oder es zumindest ein harmonisches Miteinander sein könnte.

Ganzheitlich therapieren

Auch in diesem Fall war es wichtig, ganzheitlich zu therapieren und verschiedene Methoden ein-

zusetzen. Das bedeutete, dass Sheriff eine auf ihn abgestimmte Bach-Blütenmischung bekam, die sowohl auf seine Aggressionen als auch auf seine Verunsicherung diesen neuen Umständen gegenüber einging. Dann musste eine Desensibilisierung durchgeführt werden, indem beide Kater wohl dosiert so lange mit dem Reiz konfrontiert wurden, den der andere jeweils auslöste, bis eine Gewöhnung stattfand. Bei Bonanza waren es eher Angst und Unsicherheit und bei Sheriff Aggressivität und Verunsicherung. Beide mussten lernen, dass von dem anderen keine wirkliche Gefahr ausging, und sollten darum die Gelegenheit bekommen, sich in einem geschützten Rahmen einander nähern zu können, ohne etwas befürchten zu müssen. Dafür kam ein sogenannter Therapiekäfig zum Einsatz, der keinen direkten Körperkontakt zwischen den beiden Katern zuließ.

Frau H. sollte das Ganze begleiten und positiv unterstützen, indem sie sich gleichzeitig liebevoll mit beiden Katern beschäftigte und ein Zusammengehörigkeitsgefühl erzeugte. Auf diese Weise entstand eine Gewöhnung, die die Reizschwelle immer weiter erhöhte, bis beide Kater gelassener in der Gegenwart des anderen bleiben konnten. Bis dahin war es natürlich ein langer Weg, der viel Zeit, Geduld und Einfühlungsvermögen erforderte. Es funktionierte jedoch – und das war die Hauptsache. Nicht auszudenken, wenn Frau H. aufgegeben hätte und Bonanza einfach wieder zurückgebracht hätte.

Nie zu früh aufgeben

Es muss jedem klar sein, dass es in den meisten Fällen zwischen der alteingesessenen Katze und der neuen Katze nicht Liebe auf den ersten Blick ist. Die alteingesessene Katze wird entweder ihr Revier verteidigen oder sich geschockt und verängstigt zurückziehen. Wir brauchen uns doch nur einmal selbst in die Situation versetzen, dass plötzlich ein fremder Mitbewohner ohne Vorankündigung auftaucht, einzieht und uns dann 24 Stunden täglich mit seiner Anwesenheit belästigt, ohne dass wir gefragt wurden.

Rocky – der Schrecken der Nachbarschaft

Fallbeispiel

Frau K. rief mich an und erzählte mir aufgeregt, dass sie große Probleme mit ihrem Kater habe und sich nicht mehr zu helfen wisse.
Zu Hause sei Rocky lieb, verschmust und ein vorbildlicher Kater, draußen hingegen der Schrecken der Nachbarschaft.
Er »verprügele« regelmäßig sämtliche Katzen in der Umgebung. Außerdem sei er so dreist, durch die Katzenklappen in fremde Häuser einzudringen. Dort würde er oftmals den anderen Katzen sogar das Futter wegfressen.
Die Beschwerden häuften sich, und Frau K. wusste nicht mehr ein noch aus. Sie wollte sich natürlich nicht von ihrem Stubentiger trennen, konnte aber den ständigen Ärger kaum noch ertragen.

Frage nach der Kastration

Meine erste Frage war natürlich, ob Rocky kastriert war, was Frau K. bejahte. Sie hatte sich sogar schon bereit erklärt, den Nachbarkatzen zuliebe, Rocky vornehmlich nur noch nachts hinauszulassen, was jedoch nicht half.
Dieser Kater brach einfach in fremde Häuser ein, stahl Futter und versetzte die tierischen Hausbewohner in Angst und Schrecken. Er benahm sich draußen wie ein »Gangster«, war aber drinnen Frauchens schnurrender Liebling.

Der Fragenkatalog brachte Gewissheit

Ich erstellte, wie ich es immer bei meiner Arbeit mache, einen ausführlichen Fragenkatalog, um mir einen genauen Eindruck vom Wesen des Katers, seinen Eigenschaften, dem Verhalten in bestimmten Situationen, seinem Umfeld und seiner Lebensweise machen zu können.
Ebenso fragte ich, ob es Veränderungen gab, die ihn aus seinem Gleichgewicht gebracht haben könnten. Irgendwie ließ es mir aber keine Ruhe, und einer Eingebung folgend, fragte ich ganz zum Schluss noch einmal nach der Kastration. Waren Rocky tatsächlich beide Hoden entfernt worden?
Als ich die Antworten von Frau K. auswertete, hörte sich alles relativ normal an. Es fiel mir nichts Ungewöhnliches auf. Ungeduldig wartete ich, bis ich zur letzten Antwort kam. Tatsächlich stellte sich heraus, dass Rocky damals nur ein Hoden entfernt wurde, weil der Tierarzt keinen zweiten gefunden hatte.

Das machte mich stutzig. Es kommt immer wieder einmal vor, dass ein oder sogar beide Hoden bei einem Jungtier nicht aus der Bauchhöhle in den Hodensack aufsteigen. Sie müssen dann in der Bauchhöhle aufgespürt und herausoperiert werden, weil ansonsten die Hormonproduktion weiterläuft und sämtliche Verhaltensweisen eines potenten Katers aktiv bleiben.

Die Suche nach dem zweiten Hoden

Ich unterrichtete Frau K. von dieser Tatsache und erklärte ihr, dass es bei einem potenten Kater mit den empfohlenen Bach-Blüten alleine nicht getan sei, da die Hormone sich davon nicht beeindrucken ließen. Sie war bereit, Rocky noch einmal in einer Tierklinik untersuchen zu lassen, da sie zu dem Tierarzt kein Vertrauen mehr hatte. Doch auch dort konnte man angeblich nichts ertasten. Ich konnte nicht verstehen, warum Rocky nicht mit Ultraschall untersucht oder geröntgt wurde, um wirklich ganz sicherzugehen. Nachdem sich sein Verhalten tatsächlich nicht änderte, versuchte Frau K. nun noch einmal in der Uniklinik ihr Glück. Dort wurde man dann endlich fündig und konnte den »Übeltäter« entfernen. Rocky war ja eigentlich unschuldig, denn er war ein Opfer seiner Triebe.

Obwohl es mich empörte, dass jemand erst drei Ärzte aufsuchen muss und dabei viel Geld loswird, bis ihm endlich fachmännisch geholfen wird, war ich froh, dass es doch noch ein gutes Ende nahm. Ich habe im Übrigen ganz kurz danach genau das Gleiche mit einem übermäßig stark markierenden Kater erlebt. Das scheint also leider kein Einzelfall zu sein, sondern häufiger vorzukommen. Genauso wie die Tatsache, dass viele Halter ihre Kater einfach bewusst unkastriert draußen herumlaufen lassen. In dem Fall hatte ich es mit dessen »Opfer« zu tun.

Rocky wurde zwar kein Musterknabe, aber nachdem der Hormonspiegel abgesunken war und dank der Bach-Blüten, die ihm halfen, ausgeglichener und souveräner zu sein, gab es keine Beschwerden mehr.

Freigänger sollten möglichst immer kastriert werden.

Ernie + Bert

Ein Missverständnis unter Brüdern

Fallbeispiel

Herr D. rief mich an und erzählte ganz verzweifelt, dass seine beiden Kater Ernie und Bert, die früher ein Herz und eine Seele waren, sich überhaupt nicht mehr verstehen würden. Die Kater waren Brüder und lebten von klein auf zusammen bei Herrn D. Mittlerweile musste er sie jedoch getrennt voneinander in unterschiedlichen Räumen halten.

Letztendlich litten alle unter dieser disharmonischen Atmosphäre. Herr D. konnte sich das überhaupt nicht erklären. Irgendeinen Auslöser musste es aber dafür geben und so begann ich, genauer nachzuhaken.

Die genauen Umstände hinterfragen

Rasch stellte sich heraus, dass die Feindseligkeiten begonnen hatten, nachdem Herr D. mit Kater Bert vom Tierarzt zurückkam. Der Ärmste hatte einen operativen Eingriff hinter sich, bei dem ihm Harnsteine entfernt worden waren. Als sein Bruder Ernie sich ihm zur Begrüßung näherte, fauchte er ihn an. Das hatte er zuvor noch nie getan. Ernie reagierte entsprechend irritiert und zog sich zurück. Nachdem das Gleiche aber kurz darauf bei einer erneuten Annäherung wieder geschah und Bert sogar drohend die Pfote hob, begann auch Ernie zu fauchen. Seitdem fauchten sie sich bei jeder Begegnung an und es kam sogar zu körperlichen Auseinandersetzungen. Herr D. war sehr beunruhigt.

Er konnte sich einfach keinen Reim darauf machen, aber für mich war die Sachlage klar. Manchmal reagiert eine zurückgebliebene Katze nach einem Tierarztbesuch irritiert auf ihren Artgenossen, weil dieser plötzlich ganz anders und dazu noch unangenehm riecht.
Ich selbst rieche sowohl die Tierärztin oder eine andere fremde Frau, die meinen Kater gestreichelt hat, sowie auch Narkosemedikamente oder Ähnliches noch tagelang in seinem Fell.

Wie muss das dann erst auf eine empfindliche Katzennase wirken? So kann es passieren, dass der Gefährte plötzlich nicht mehr erkannt wird, weil er nicht den vertrauten Geruch hat. Er wirkt dadurch fremd und somit bedrohlich.

Die wahren Ursachen erkennen

In diesem Fall war es jedoch anders. Hier ignorierte Ernie sogar die fremden Gerüche und wollte seinen Bruder nur freundlich begrüßen. Dieser hatte jedoch noch Schmerzen von dem Eingriff, fühlte sich verletzlich und ausgeliefert und wollte sich den anderen lieber vom Leib halten.

Sobald Ernie sich ihm näherte, »schnauzte« er also vorsichtshalber, um sich zu schützen: »Hau ab! Komm mir bloß nicht zu nahe!«. Das ist natürlich nur eine ungefähre Übersetzung in unsere menschliche Sprache.
Ernie nahm das seinem Bruder mit der Zeit übel, fühlte sich zu Unrecht angegriffen und weggejagt und reagierte selbst entsprechend aggressiv. Das Ganze schaukelte sich hoch, sodass es sogar zu körperlichen Attacken kam.

Es ging also darum, den beiden klarzumachen, dass vom anderen keine Gefahr ausging, sondern dass es sich um ein klassisches Missverständnis handelte. Ja, so etwas gibt es unter Katzen tatsächlich auch. Man spricht dann von einer umgeleiteten Aggression, die entweder den »Falschen« trifft oder eben gar nichts mit dem Gegenüber zu tun, sondern ganz andere Gründe hat.

In diesem Fall waren es die Schmerzen und damit das Bedürfnis, niemanden zu nahe an sich heranzulassen. Katzen jammern in der Regel nicht, sondern verbergen vielmehr ihre Schmerzen, um draußen in der Natur nicht angreifbar und zum Opfer zu werden.

Die entsprechende Therapie

Ich empfahl Herrn D., die beiden Kater einer Prozedur zu unterziehen, die normalerweise am Anfang bei einer Zusammenführung fremder Katzen durchgeführt wird, und bei der sich ein Tier in einem Therapiekorb oder einfach im Transportkorb befindet. Auf diese Weise konnten sich die Kater einander annähern, ohne dass es zu einem Kampf kommen konnte. So lernten beide erneut, dass vom anderen letztendlich keine Gefahr ausging, und sie vertrugen sich wieder. Zusätzlich empfahl ich eine Bach-Blütenmischung zur Unterstützung, um die Gemüter wieder zu beruhigen.

Herr D. konnte diese Therapiemaßnahme sehr schnell beenden, da sich beide Kater bald wieder völlig normal verhielten. Sie hatten sich rasch an die harmonischen Zeiten miteinander erinnert und mochten sich wieder. Herr D. war sehr erleichtert und froh, dass sich dieses Missverständnis unter den beiden Katern so schnell klären ließ und wieder Frieden herrschte.

Die potente Elfriede – die Mutter der Kompanie

Fallbeispiel

Frau S. rief mich an und erzählte, dass ihre Katze Elfriede die neu hinzugekommene junge Katze Minette tyrannisiere. Diese wäre von Anfang an nicht glücklich über den Neuzugang gewesen, aber je mehr Zeit vergehe, umso schlimmer würde es. Zuerst hatte die Kleine es noch locker genommen und immer wieder eine Annäherung gestartet, aber mittlerweile hockte sie ängstlich hinter dem Sofa und traute sich kaum noch heraus.

Potente Katzen stehen in der Rangfolge meistens oben

Nach und nach stellte sich heraus, dass Elfriede eine potente blaue Britisch Kurzhaarkatze war, mit der Frau S. hobbymäßig züchtete. Minette war ein Birmamädchen, das mit zwölf Wochen eingezogen war. Jetzt wurde mir einiges klar. Je älter die kleine Birmakatze wurde, umso eine größere »Bedrohung« wurde sie für die »Mutter der Kompanie«, die sich nicht vom Thron stürzen lassen wollte.

Als potente Katze stand Elfriede in der Rangfolge oben und wollte sich das auf keinen Fall nehmen lassen. Zickenkrieg-Alarm! Außerdem erfuhr ich, dass Elfriede sogar die Hunde terrorisierte und sich wie die Herrin im Haus aufspielte. Jeder bekam sein Fett weg, entweder mit einem gezielten Pfotenschlag aus heiterem Himmel oder es erfolgte ein kurzer Sprung aus dem Hinterhalt.

Diese Dame besaß einfach ein zu starkes Dominanzverhalten. Man sieht, auch weibliche Katzen können despotisch und tyrannisch sein. Das war natürlich für keinen der anderen Hausbewohner angenehm.

Da Frau S. sich leider noch nicht entschieden hatte, ob sie auch mit Minette züchten wollte oder nicht, bat ich sie, sich das in Ruhe durch den Kopf gehen zu lassen. Ansonsten wäre es eine große Erleichterung sowohl für Minette als auch für Elfriede, wenn Minette bald kastriert werden würde.

Das würde die Rivalität erheblich vermindern. Allerdings ging es auf keinen Fall so weiter, dass Elfriede dieses strenge Regiment führte. Sie musste lernen, die andere Katze zu akzeptieren, zu tolerieren und neben sich zu dulden – und die Hunde natürlich auch.

Eine ganzheitliche Therapie ist entscheidend

Darum empfahl ich eine entsprechende Bach-Blütenmischung für Elfriede, die sie dabei unterstützen würde, ausgeglichener und souveräner im Umgang mit anderen Lebewesen zu sein. Das allein reichte aber natürlich nicht aus. Auch Minette brauchte Bach-Blüten, um besser mit ihrer Angst klarzukommen und ihr Selbstbewusstsein zu stärken, damit sie sich von Elfriede nicht mehr so leicht einschüchtern ließ. Zudem sollte eine Gewöhnungsprozedur mit beiden Katzen durchgeführt werden, die beim Einzug eines neuen Artgenossen erfolgt, wenn zwischen den beiden nicht alles glatt läuft. Es geht einfach um eine Desensibilisierung, damit es für beide Seiten erträglicher und gewohnter wird, zusammenzuleben.

Katzen brauchen ein stressfreies Dasein

Minette musste sich auf jeden Fall wieder frei in der gesamten Wohnung bewegen können. Ein absolut eingeschränktes Leben hinter dem Sofa ist nicht artgerecht und für keine Katze auf Dauer auszuhalten. Katzen brauchen Bewegung, Abwechslung, Anregungen und ein stressfreies Dasein.

Ansonsten entwickeln sie Verhaltensauffälligkeiten, weil sie sich einfach äußerst unwohl und unglücklich fühlen. Durch eine gezielte Spieltherapie konnte Frau S. Minette zudem dabei unterstützen, mehr Selbstvertrauen zu gewinnen.

Es war wirklich gut, dass Frau S. rechtzeitig Hilfe in Anspruch genommen hat, denn sonst hätte sich Minettes Angst und Verunsicherung noch verstärkt und sie sogar regelrecht geprägt. Dadurch hätte sie dann unter Umständen irgendwann sogar panisch auf Elfriede reagiert, auch ohne dass diese sie tatsächlich angriff. Höchstwahrscheinlich hätte es sich sogar so entwickelt, dass sie sich gar nicht mehr aus ihrem Versteck getraut hätte, was dann mit größter Wahrscheinlichkeit dazu geführt hätte, dass sie auch unsauber geworden wäre.

»Leben und leben lassen«

Als Frau S. sich nach einiger Zeit wieder meldete, war sie erleichtert. Es war immer noch nicht die große Liebe zwischen den beiden Katzendamen, aber zumindest galt jetzt das Motto: »Leben und leben lassen.«. Auch die Hunde mussten nicht mehr so höllisch aufpassen, dass Elfriede sie unvermittelt attackierte. Sie war insgesamt mehr in ihrem inneren Gleichgewicht. Frau S. gab zwar zu, dass sie immer noch das Sagen hatte, wenn es darauf ankam, aber das war in Ordnung. Einer steht immer an der Spitze der Rangordnung – und es gibt ja auch gerechte Herrscher beziehungsweise Herrscherinnen.

Wenn es tatsächlich Situationen gibt, in denen eine Katze einen Menschen angreift, handelt es sich in der Regel höchstens um eine umgeleitete Aggression.
Das kann beispielsweise vorkommen, wenn eine Katze in höchster Erregung durch das Fenster eine fremde Katze in ihrem Garten entdeckt. Wenn ihr Mensch sie dann unvermittelt berührt, kann es passieren, dass sich ihre aufgestaute Aggression unvermittelt gegen diesen entlädt.

In einem Fall war es so, dass die Mutter der Halterin mit ihrem Dackel zu Besuch kam. Der Kater des Hauses beobachtete ihn die ganze Zeit über, und als der Hund plötzlich abgeleint wurde, verunsicherte ihn das dermaßen, dass er sich auf ihn stürzte, als der Dackel sich ihm näherte. Die Hundehalterin ging dazwischen und wurde nun selbst von dem Kater angegriffen. Die Katzenhalterin hatte daraufhin Angst vor ihrem eigenen Tier. Da Katzen nach einem solchen Vorfall manchmal noch über einen

»Hau ab! Geh weg!
Komm mir ja nicht zu nahe!«

Eine Warnung lieber ernst nehmen.

längeren Zeitraum sehr erregt sind, ist es wichtig, dass der Mensch gegenüber seinem Tier für einige Zeit bestimmte Verhaltensregeln einhält. Natürlich besonders dann, wenn er selbst die Zielscheibe einer umgeleiteten Aggression war. Ich kann darum nur empfehlen, sich in solchen Situationen entsprechende Hilfe zu suchen.

Ich habe erst einen echten Fall von tatsächlicher Aggression gegenüber Menschen erlebt. Allerdings hatte die Katze auch hier einen absolut guten, zumindest nachvollziehbaren Grund. Als ich erfuhr, dass die Katze erst nach der Kastration nicht nur aggressiv auf den Tierarzt, sondern seitdem auf jeden Besucher reagierte, ahnte ich bereits etwas. Bei gezielterem Nachfragen wurde deutlich, dass bei der Kastration etwas schiefgelaufen sein musste. Vielleicht war die Katze nicht genügend narkotisiert, sodass sie mitbekam, wie sie kopfüber auf einem Brett festgeschnallt war und man ihr den Bauch aufschnitt. Eine schreckliche Vorstellung. Für mich ist es nur allzu verständlich, dass sie nach einem solchen Trauma extrem auf jeden Fremden reagierte, letztendlich aus Angst, dass ihr wieder etwas Schlimmes angetan werden könnte. Bei einer Katze läuft dann regelrecht ein alter Film ab, der mit der aktuellen Situation gar nichts zu tun hat, und der sie überreagieren lässt. Eine andere Katze hätte sich panisch verkrochen, diese Katze jedoch war der Meinung: Angriff ist die beste Verteidigung. Mit einer gezielten Bach-Blütentherapie sowie einer Desensibilisierung gegenüber Besuchern gelang es, dass die Katze wieder ausgeglichener wurde und sich entspannt verhalten konnte.

Vera – Zwing mich nicht, sonst ...

Fallbeispiel

Frau G. rief mich an und erzählte, dass ihre Katze Vera aggressiv sei. Meistens liefe sie weg, aber wenn es ihr doch einmal gelänge, die Katze zu »packen«, würde sie sich nach Leibeskräften wehren und kratzen. Zudem würde sie oft fauchen, wann man nur in ihre Nähe käme. Allein die Wortwahl ließ mich aufhorchen.

Eine aggressive Katze würde von sich aus angreifen, diese aber tat es nur, wenn sie »gepackt« wurde und sich wehren musste. Auch die fauchende Warnung: »Komm mir nicht zu nahe!« ließ darauf schließen, dass diese Katze sich nur schützen wollte.

Ich hakte wie immer nach. Vera würde sich immer so »anstellen«, wenn man sie auf den Arm nehmen wollte. Ich versuchte Frau G. klarzumachen, dass dies ein sehr großer Vertrauensbeweis für eine Katze wäre, denn ihr würde der sichere Boden unter den Pfoten entzogen, und dann würde sie auch noch festgehalten.
Sie war in dieser Situation völlig ausgeliefert, zumal sie keinen Sinn darin erkennen konnte. Katzen untereinander nehmen sich nun einmal nicht auf den Arm.

Die Halterin reagierte trotzdem etwas verständnislos und meinte, dass andere Katzen das doch auch »mit sich machen ließen«. Okay, aber die meisten Katzen mögen es nicht. Ich bat sie, sich einfach einmal vorzustellen, wie King Kong, der ja auch einer anderen Spezies angehört und ihr körperlich in jeder Hinsicht überlegen ist, sie einfach packen und an sich drücken würde. Fände sie das toll oder würde ihr dabei mulmig, da sie ja nicht wisse, was er mit ihr vorhabe? Sie stimmte mir dann doch zu.

Gegen Zwang wehrt sich eine Katze

Außerdem erfuhr ich, dass Vera öfter mit Gewalt festgehalten wurde, was erklärte, warum sie generell misstrauisch war und sich lieber aus dem Staub machte, wenn ihr jemand zu nahe kam. Auch das Fauchen hatte nichts Aggressives, sondern geschah aus Unsicherheit.

Dass sie sich panisch mit ihren Krallen wehrte, wenn sie gar keinen anderen Ausweg mehr sah, war aus meiner Sicht nur verständlich. All dies hatte jedoch nichts mit einer echten Aggression zu tun, sondern war angst-aggressiv.

Vera musste also zuerst einmal dabei unterstützt werden, mehr Selbstsicherheit aufzubauen und Angst sowie Misstrauen abzulegen. In dieser Hinsicht konnten die richtigen Bach-Blüten ihre Wirkung entfalten.
Das alleine reichte natürlich nicht, denn Frau M. musste auch ihren Umgang mit Vera ändern. Zuerst einmal musste sie wieder ihr Vertrauen gewinnen. Dazu gehörte, die Katze zu absolut nichts mehr zu zwingen. Stattdessen sollte Frau G. viel mit ihr spielen, was einerseits durch die Erfolgserlebnisse beim Erhaschen der Beute Veras Selbstvertrauen, aber andererseits auch die Bindung zwischen den beiden verstärkte. Sie sollte regelmäßig gelockt und mit Leckerchen belohnt werden. Wenn Frau G. in ihre Nähe kam, sollte sie demonstrativ in eine andere Richtung schauen, um zu signalisieren, dass sie keinerlei Absichten hegte, sich der Katze anzunähern. Wenn wir nämlich auf eine Katze zugehen und sie dabei noch anstarren, auch wenn wir nur an ihr vorbeigehen wollen, wirkt das auf ein ängstliches Tier wie die Ankündigung einer Attacke.

Auf dem Arm muss es interessant sein

Nach einiger Zeit veränderte sich das Verhältnis zwischen den beiden positiv, sodass ich Frau G. ermutigen konnte, Vera kurz auf den Arm zu nehmen, aber dann immer wieder sofort abzusetzen. Langsam konnte der Zeitraum etwas ausgedehnt werden, wobei Frau M. nicht wie angewurzelt einfach stehen bleiben, sondern mit der Katze auf dem Arm langsam in der Wohnung umhergehen sollte, um ihr alles zu zeigen, was sie sonst aus der eingeschränkten Perspektive am Boden nicht wahrnehmen konnte. So machte es für Vera Sinn, herumgetragen zu werden.

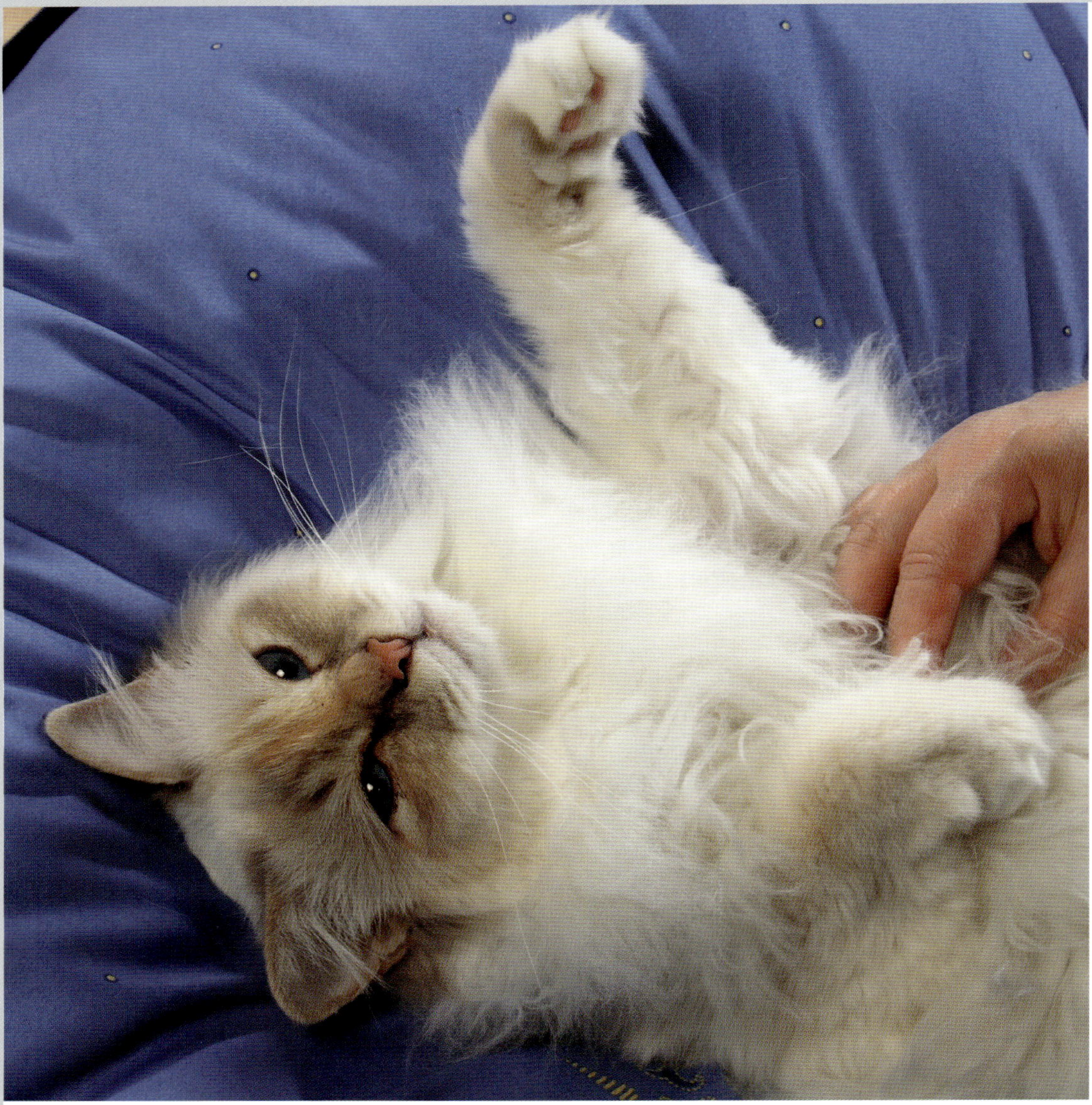

Wenn nicht auf die Körpersprache der Katze geachtet wird, kann es zur Streichelaggression kommen.

Frau G. berichtete, dass die Katze dann immer ganz neugierig alles beäugte und beschnupperte, was sich ihren Blicken plötzlich bot. Die Schränke und Kommoden waren nämlich mit allem Möglichen zugestellt, sodass sie vorher nie die Chance hatte, dort Erkundigungen vorzunehmen, da sie keine freie Landefläche gefunden hätte. Lassen wir mal dahin gestellt, ob Vera sich später wirklich mit dem Ausdruck: »Ich will auf den Arm!« vor Frau G. hinstellte, wovon diese irgendwann überzeugt war. Das ist völlig egal, denn beide Seiten kamen nun auf ihre Kosten.

Rambo – Nomen est omen

Fallbeispiel

Herr M. rief mich an und erzählte, dass er einen »Kampfkater« hätte. Bei solchen Äußerungen bin ich immer skeptisch, denn ich habe es bisher noch niemals erlebt, dass eine Katze gegenüber Menschen wirklich aggressiv war. Es handelte sich immer um eine abgewandelte Form wie eine spielerische, umgeleitete oder aber eine Angst- oder Schmerzaggression. Der Mensch ist ja weder ein Feind für die Katze, noch macht er ihr Futter oder Sexualpartner streitig, sodass gar keine echte Aggression entstehen kann.

Herr M. erzählte, dass er Rambo zur Strafe für seine Attacken unter die Dusche gestellt hatte. Ich war geschockt und versuchte, ihm einfühlsam klarzumachen, dass der Kater eine solche Maßnahme überhaupt nicht verstehen und mit seinem Tun in Verbindung bringen konnte. Herr M. konnte froh sein, dass die hochgradige Verunsicherung und das Entsetzen des Katers über diese Art der Behandlung ihn nicht dazu brachten, aus Angst tatsächlich aggressiv auf Herrn M. zu reagieren, sobald er sich ihm nur näherte.

Herr M. war jedoch von der Bösartigkeit seines Katers Rambo überzeugt, weil dieser ihn aus dem Hinterhalt anfiele und ihn beim Spielen heftig biss sowie kratzte. Also doch, wie ich es mir schon gedacht hatte. Ich stellte noch einige gezielte Fragen, um sicherzugehen, und war dann überzeugt, dass es sich um eine rein spielerische Aggression handelte, für die letztendlich Herr M. verantwortlich war. Der arme Rambo war den ganzen Tag über alleine in einer ziemlich kleinen Wohnung, während sein Herrchen arbeiten war. Wenn der dann abends endlich nach Hause kam, kümmerte er sich auch nicht als Erstes um den Kater. Darum brauchte er sich auch nicht zu wundern, dass seine Beine, die das Einzige waren, was sich endlich einmal als scheinbare Beute bewegte und Action brachte, gejagt wurden.

Mein eigener Kater machte das auch, als er noch klein war. Da ich immer im Blick hatte, wo sich meine Samtpfote gerade aufhielt, bekam ich es jedes Mal schon vorher mit, wie er in einer Ecke lauerte, mit seinem Popo hin und her wackelte, um die richtige Absprungposition zu finden und dann ein Kätzchen geflogen kam. Ich fand das stets sehr lustig und musste herzlich lachen.

Herr M. fand es jedoch gar nicht komisch, da es für ihn regelmäßig aus heiterem Himmel kam, er sich erschreckte und wütend wurde. Hätte er sich jedoch nach seiner Rückkehr sofort mit dem einsamen und den ganzen Tag über ohne Reize lebenden Kater beschäftigt, wäre es zu so einer Ersatzhandlung gar nicht gekommen. Gerade Wohnungskatzen brauchen viel Abwechslung und regelmäßiges Spielen, um ihren aufgestauten Jagdtrieb entladen zu können. Das ist absolut notwendig.

Damit waren wir beim zweiten Problem. Herr M. spielte ja mit Rambo, allerdings sehr wild und grob, was dem Kater gelegen kam, um sich richtig abreagieren zu können.
Die zarte Menschenhaut ist für solche Attacken jedoch nicht geeignet. Ich empfahl Herrn M., lieber eine Katzenangel oder ein Spielzeug einzusetzen, nach dem Rambo grabschen konnte, anstelle seiner eigenen Hände.

Er sollte das Spiel auch nicht zu wild werden lassen, und wenn der Kater doch wieder in diese Stimmung kam, das Spielen für kurze Zeit unterbrechen, damit Rambo lernte, dass ein solches Verhalten nicht mehr erwünscht war.

Ich empfahl auch für den Fall, dass Herr M. wieder traktiert wurde, einen klagenden jammernden Schmerzensschrei von sich zu geben.

Katzen verstehen am Klang, was das bedeutet und lassen dann in der Regel von ihrem »Opfer« ab. Die meisten Menschen reagieren bei einem Schmerz jedoch aggressiv, fluchen, schreien das Tier an und beantworten so eine Aggression mit einer Gegenaggression. Dies ist eher eine Bestätigung und eine Kampferwiderung.

Darüber hinaus bat ich Herrn M., sich einmal in Ruhe Gedanken darüber zu machen, ob er Rambo nicht einen Spielgefährten zur Seite stellen wollte. Als Einzeltier in einer kleinen Wohnung den ganzen Tag über alleine verbringen zu müssen, ist keine artgerechte Haltung für eine Katze.

Außerdem musste die Wohnung katzengerechter gestaltet werden, indem dort Leckerchen und Spielzeug versteckt wurden, es Kartons zum Verstecken und Inspizieren gab sowie einen gemütlichen Aussichtsplatz auf der Fensterbank, damit Rambo das Treiben draußen beobachten konnte.

Nachdem Herr M. tatsächlich alle meine Empfehlungen umgesetzt hatte, rief er nach kurzer Zeit begeistert an. Zwar war aus Rambo keine sanfte Miezekatze geworden, schließlich ist man seinem Namen ja etwas schuldig, aber er war rücksichtsvoller gegenüber seinem Menschen. Herr M. hatte sich auch umgehört und wollte demnächst einem kleinen Kater ein Zuhause und Rambo damit einen Gefährten geben.

Haaalloooh! Katzen können laut und ausdauernd vokalisieren.

Wenn einer Katze die Nerven durchgehen

Wenn eine Katze keine fünf Minuten lang stillsitzen kann und ständig Aktivität braucht, ist sie vermutlich entweder überreizt oder aber unterfordert.
Beides bedeutet für sie Stress, was zu einem unerwünschten Verhalten führen kann.
Hyperaktiv sind vor allem häufig orientalische und sehr schlanke Rassen. Sie miauen in der Regel auch viel öfter und lautstarker als andere Katzen. Die Liebhaber dieser Rassen bezeichnen sie als besonders kommunikativ. Wer jedoch schon einmal eine Siamkatze laut schreiend erlebt hat, als wäre sie ein Baby, kann dies unter Umständen etwas anders empfinden.

Es muss jedoch unbedingt zuerst herausgefunden werden, ob tatsächlich eine krankheitsbedingte Hyperaktivität vorliegt, die beispielsweise durch eine Überfunktion der Schilddrüse, einen genetischen Defekt oder Stoffwechselstörungen hervorgerufen werden kann.
Bei unzureichenden oder aber veränderten Aktivitäten des Menschen ergeben sich andere Tagesabläufe als zuvor. Das kann eine Katze verunsichern und zu einer scheinbaren Überaktivität führen, indem sie ständig versucht, auf sich aufmerksam zu machen. Eine Katze, die ihre Intelligenz und ihren Bewegungsdrang nicht befriedigen kann, muss diese aufgestaute Energie abbauen können. Sie braucht unbedingt mehr Anregung und Beschäftigung. Es gibt Katzen, die das dann regelrecht einfordern.
Mit Stress reagiert eine Katze auf eine besondere Herausforderung beziehungsweise auf Druck. Der Katzenorganismus ist dann entweder auf Flucht oder aber auf Kampf eingestellt. Fehlt der Katze dann eine entsprechende Möglichkeit, sich auf irgendeine Weise abzureagieren, muss sie den Energiestau anderweitig abbauen. Für Katzen bedeutet es Stress, wenn sie körperlich oder psychisch einer Überbelastung ausgesetzt sind. Da sie Gewohnheitstiere sind, brauchen sie Routine, um sich sicher zu fühlen. Sobald sich der normale Tagesrhythmus auch nur geringfügig verändert, kann das bei einer sehr sensiblen Katze bereits zu Unruhe und Stress führen. Es hängt immer davon ab, wie souverän oder aber empfindlich das Naturell einer Katze ist. Entsprechend wird sie normal oder aber auffällig reagieren.

Selbst die ausgeglichenste Katze reagiert jedoch nervös, wenn sie über eine längere Zeit massivem Stress ausgesetzt wird. Die Symptome bei einer nervösen Katze sind beispielsweise Zittern, Fauchen, Angst sowie der Drang, sich zu verstecken. Nervosität kann ebenso auch durch Schmerzen oder körperliche Beschwerden ausgelöst werden. Da manche Katzen äußerst sensibel reagieren, kann bereits das Aufstellen eines neuen Möbelstückes oder ein neuer Teppich eine nervöse Reaktion auslösen. Nervosität kann ebenso die Folge vergangener negativer Erfahrungen sein. Es kann sich jedoch auch um eine Kombination verschiedener Ursachen handeln.

Die häufigsten Verhaltensauffälligkeiten, die durch Stress entstehen können, sind Unsauberkeit, Markieren, Aufmerksamkeit heischendes Verhalten, Aggression beziehungsweise Gereiztheit gegenüber Artgenossen oder Menschen sowie eine übertriebene Fellpflege. Bevor mit einer Therapie begonnen wird, sollte unbedingt die Ursache für den entstandenen Stress beziehungsweise das auffällige Verhalten herausgefunden werden,

um sie möglichst beseitigen zu können. Dazu muss die Katze genauestens beobachtet werden. Manchmal lässt sich die Ursache jedoch nicht einfach ausschalten, aber vielleicht wenigstens reduzieren.
Kurzfristiger Stress ist praktisch unvermeidbar, was zudem für eine gewisse Abwechslung sorgt und der Katze hilft, gelassener zu reagieren. Dauerhafter Stress beeinträchtigt jedoch nicht nur das Verhalten einer Katze, sondern auch ihre Gesundheit, da er das Immunsystem schwächt, was zu Erkrankungen führen kann.

Viele Verhaltensauffälligkeiten werden beispielsweise durch Hektik, viel Besuch und ungewohnten Lärm hervorgerufen, worauf eine Katze stark verängstigt oder nervös reagieren kann. Am besten wird der Katze dann ein ruhiges Zimmer mit ihren Lieblingssachen eingerichtet, das etwas abgelegen vom Trubel liegt, und in dem alles vorhanden ist, was sie braucht. Dort sollte sie zwischendurch regelmäßig besucht und gestreichelt werden, denn es handelt sich ja nicht um eine Bestrafung, sondern soll eine Erleichterung für sie sein. Zumindest aber sollte der Katze durch offene Türen ein selbst gewählter Rückzug jederzeit möglich sein.

Vielfach leidet eine Katze auch einfach darunter, eine Einzelkatze zu sein und sehnt sich nach einem Artgenossen. Dieser reduziert ihre Einsamkeit, Langeweile, Monotonie und auch zu viel aufgestaute Energie. Sie braucht aber weiterhin menschliche Aufmerksamkeit.

Bei Stress fühlen sich die meisten Katzen sehr unwohl.

Romeo – der hartnäckige Verehrer

Fallbeispiel

Eine Katzenhalterin rief mich an und erzählte, dass ihr Kater Romeo sie langsam zur Verzweiflung treiben würde. Er folgte ihr auf Schritt und Tritt und forderte ständige Beachtung ein. Sie liebte ihn zwar sehr, aber sie hatte noch ein eigenes Leben und auch Verpflichtungen, denen sie nachkommen musste. Auf meine Nachfrage hin erfuhr ich, dass sie den Kater aus dem Tierheim hatte und leider nichts über seine Vorgeschichte in Erfahrung bringen konnte.

Romeo war am Anfang relativ zurückhaltend gewesen, doch dann hatte er sein kleines Katzenherz voll und ganz an sein Frauchen gehängt. Sie war jetzt der Mittelpunkt seiner kleinen Welt, und er war regelrecht fixiert auf sie. Frau S. erzählte mir, dass Romeo natürlich nachts bei ihr im Bett schliefe, was für sie auch absolut in Ordnung war. Allerdings fand sie es merkwürdig, dass er sie nachts manchmal mit offenen Augen beobachtete, als wollte er sichergehen, dass sie immer noch da war und nicht einfach verschwinden würde.

Trennungsangst und Fixierung

Alles deutete darauf hin, dass Romeo regelrechte Trennungsangst hatte, als könnte er wieder verlassen werden. Wer weiß, was er erlebt hatte, bevor er ins Tierheim kam. Vielleicht hatte er schon einmal einen schmerzhaften Verlust erlitten und wollte jetzt um jeden Preis verhindern, so etwas noch einmal verkraften zu müssen. Insgeheim konnte ich den kleinen Kerl verstehen, der jetzt endlich ein schönes und gutes Zuhause gefunden hatte und dies nicht mehr hergeben wollte. Er musste jedoch lernen, sich etwas abzunabeln, denn diese Fixierung auf sein Frauchen war letztendlich auch eine Belastung für ihn selbst.

Zuerst einmal half ich ihm mit einer individuell für ihn geeigneten Bach-Blütenmischung dabei, wieder ausgeglichener und vor allem selbstständiger zu werden. Das Ziel war, seine eigene Selbstsicherheit zu erhöhen, sodass er souveräner sowohl mit der Abwesenheit seines Frauchens als auch mit ihrer Anwesenheit umgehen konnte. Es ging ja nicht, dass er die Dame seines Herzens voll in Beschlag nahm, sobald sie im Haus war und litt, wenn sie es verließ. Er musste lernen, sich selbst zu beschäftigen und seinen eigenen Interessen nachzugehen.

Absolute Konsequenz

Allerdings musste auch die Katzenhalterin ihr Verhalten ändern. Da sie vorübergehend arbeitslos und somit fast ständig zu Hause war, musste sie ihren kleinen Romeo (nomen est omen) ruhig öfter mal alleine lassen, damit er lernte, dass sie nicht immer zur Verfügung stehen konnte.

Nach einer liebevollen Begrüßung sollte sie sich kurzzeitig mit ihm beschäftigen, aber dann rigoros ihren eigenen Bedürfnissen nachgehen. Dabei sollte sie jegliches Aufmerksamkeit heischende Verhalten seinerseits ignorieren.

Natürlich ist das nicht einfach, schon gar nicht, wenn das eigene Herz an einem solch hartnäckigen Verehrer hängt. Absolute Konsequenz ist jedoch unerlässlich. Ich sagte ihr, dass sobald sie einmal weich werden würde, die ganze Mühe umsonst war. Eine Katze erkennt genau, ob sie mit einem bestimmten Verhalten Erfolg hat oder nicht.

Frau S. sollte zwar regelmäßig mit Romeo spielen und sich um ihn kümmern, aber möglichst immer zu denselben Zeiten und nur für eine gewisse Dauer. So kann das Gewohnheitstier Katze an eine bestimmte Routine gewöhnt werden. Zusätzlich musste Romeo erkennen, dass nicht mehr er, sondern das Objekt seiner Begierde die Regeln bestimmte. Aufmerksamkeit und Zuwendung gab es nicht mehr permanent und auch nicht, wenn er penetrant danach verlangte.

Es war für beide Beteiligten nicht einfach, aber da Frau S. verstanden hatte, dass sie es letztendlich auch ihrem Kater zuliebe tat, der selbst unter dieser Abhängigkeit litt, zog sie es diszipliniert durch. Natürlich dauerte es eine gewisse Zeit, aber dann war es vollbracht und Romeo akzeptierte die Vorgehensweise seines Frauchens.
Als diese wieder einen Job gefunden hatte, folgte sie meiner Empfehlung und schaffte sich noch ein Katzenmädchen an. Romeo freundete sich tatsächlich mit der Artgenossin an und vertrieb sich tagsüber die Zeit mit ihr. Sein Frauchen blieb jedoch für ihn die Nummer eins.

Püppi – die Nervensäge

Fallbeispiel

Eine ältere Katzenhalterin rief mich an und erzählte, dass ihre Katze Püppi sie jede Nacht durch lautes und anhaltendes Schreien am Schlafen hinderte. Sie war sehr verzweifelt, da sie sich langsam wie gerädert fühlte. Es war schon richtig zur Gewohnheit geworden, dass Püppi sich frühmorgens gegen vier Uhr lautstark bemerkbar machte.

Ich hakte nach und erfuhr, dass Frau G. sich wie die meisten Katzenhalter in dieser Situation verhielt. Sie sprang sofort auf und tat alles, um es dem kleinen Störenfried recht zu machen. Sie bot der Katze Futter an, forderte sie zum Spielen auf, streichelte sie und redete unaufhörlich auf sie ein. Allerdings mit wenig Erfolg, was ebenfalls typisch ist. Die kleinen Tyrannen wollen zwar Aufmerksamkeit, aber sind dann doch irgendwie mit nichts wirklich zufrieden. Zumindest nehmen sie nach einer gewissen Zeit ihr Geschrei wieder auf.

Mögliche Ursachen

Püppi war schon vierzehn Jahre alt, und auch bei Katzen lässt im Alter das Gehör nach. Das könnte ein Grund für das nächtliche Schreien sein, denn um sich nachts zu orientieren, rufen sie lautstark nach ihrem Menschen, weil sie sich alleine und etwas verwirrt fühlen. Frau G. berichtete jedoch daraufhin, dass Püppi manchmal sogar ins Schlafzimmer kam und dort schrie.

Um ganz sicher zu sein, dass Püppi wirklich keine gesundheitlichen Probleme hatte, bat ich Frau G. von ihrem Tierarzt überprüfen zu lassen, ob nicht eine Überfunktion der Schilddrüse vorläge, was ebenfalls ein Auslöser für dieses Verhalten sein könnte. Natürlich mussten auch Gründe wie Schmerzen, Juckreiz, Entzündungen und Ähnliches ausgeschlossen werden können.

Katzen, die ihre Menschen nachts stören, tun dies meistens, weil ihnen langweilig ist, sie tagsüber zu wenig Aufmerksamkeit und Zuwendung bekommen haben oder es zumindest so empfinden. Weitere Auslöser für nächtliche Ruhestörungen können innere Unruhe oder auch Irritationen über bestimmte Veränderungen innerhalb ihrer Umgebung oder aufgrund äußerer Umstände sein.

Die Therapie

Ich erklärte Frau G., dass gerade nachtaktive Katzen abends besonders beschäftigt werden müssen. Wenn sie den ganzen Tag gedöst haben, sind sie nachts hellwach und unternehmungslustig. Sie sollte Püppi abends noch einmal füttern und sich ausgiebig mit ihr beschäftigen und spielen.
Die Katze müsse dann lernen, dass nicht sie die Zeiten einfordern könne, wann sie Futter oder Zuwendung erhalte, sondern Frau G. dies bestimme.
Nachdem jedoch alles in Ordnung war und Frau G. sich auf meinen Rat hin vor dem Zubettgehen ausführlich mit Püppi beschäftigte sowie ihr vorsichtshalber Trockenfutter hinstellte, falls sie nachts hungrig wurde, konnten die Gründe »Langeweile« beziehungsweise Unausgeglichenheit aufgrund mangelnder Aktivitäten sowie »Hunger« ausgeschlossen werden.

Geduld, Ausdauer, Konsequenz

Das bedeutete, dass Frau G. ab sofort jegliches Schreien definitiv ignorieren musste. Sie durfte nicht einmal mehr rückfällig werden und auf das Geschrei reagieren.
Sobald einer Katze ein Erfolgserlebnis verschafft wird, benutzt sie ein bestimmtes Verhalten nämlich immer wieder, um ihr Ziel zu erreichen. Darum ist es unbedingt wichtig, absolut konsequent zu bleiben, denn sonst war die ganze Mühe vergeblich. Ich erklärte, dass Rückschritte dabei normal seien, denn Püppi würde ihre Bemühungen anfangs unter Umständen sogar noch verstärken.
Immerhin hatte sie bisher immer Erfolg mit ihrer Masche gehabt. Sie wäre deshalb der Meinung, dass Frau G. sie wahrscheinlich nur nicht gehört habe und sie einfach lauter und länger schreien müsse. Es würde daher eine gewisse Zeit dauern, bis die Katze umgelernt hätte und erkenne, dass sie mit ihrem Verhalten tatsächlich nicht mehr das erwünschte Ergebnis erzielte.

Es galt also, für einige Zeit stark zu bleiben und Ausdauer sowie Geduld zu beweisen. Nachdem Frau G. aber jetzt sicher sein konnte, dass es Püppi wirklich an nichts fehlte, schaffte sie es, durchzuhalten. Das Wunder geschah, und nach einigen unruhigen Nächten war tatsächlich endlich Ruhe.

Papageno live – nein danke!

Fallbeispiel

Frau G. rief mich an und klagte, dass sie völlig entnervt wäre. Ihr Kater Papageno schreie sehr häufig und höre gar nicht mehr auf beziehungsweise finge immer wieder an. Ich hakte genauer nach. Als ich erfuhr, dass es sich auch noch um einen Siamkater handelte, tat die Frau mir ehrlich gesagt etwas leid. Das Organ der Orientalen ist nämlich ziemlich laut und durchdringend. Es war also teilweise sogar genetisch bedingt, musste aber trotzdem bestimmte Ursachen haben.

Genaue Nachforschungen anstellen

Frau G. musste mir zuerst ganz genau schildern, in welchen Situationen sich Papageno so verhielt, und vor allem auch, wie sie selbst darauf reagierte. Ich erfuhr, dass die Halterin neuerdings länger arbeiten musste, was natürlich weniger Zeit für den Kater bedeutete. Sobald Frau G. nach Hause kam, wurde sie stürmisch begrüßt, und wenn sie sich dann nicht sofort intensiv mit der Samtpfote beschäftigte, begann diese mit ihrem Konzert. Ich hatte Verständnis für beide Seiten. Wir Menschen wollen nach einem anstrengenden Tag erst einmal Zeit für uns selbst, aber eine Katze denkt natürlich: »Hey, wenn Du schon jetzt erst nach Hause kommst, dann kümmere Dich gefälligst um mich. Schließlich habe ich die ganze Zeit auf Dich gewartet und mich gelangweilt.« Einerseits war der Kater im Recht und hatte es verdient, Aufmerksamkeit zu bekommen, andererseits muss jedoch der Mensch bestimmen können, wann er dazu bereit ist. Zudem ist es fatal, jedes Mal dem Drängen nachzugeben, weil eine Katze dann erst recht auf ihren Anspruch pocht.

Die Interessen beider Seiten berücksichtigen

Wir mussten also einen Kompromiss finden, der beiden Seiten gerecht wurde. Zuerst musste Frau G. dafür sorgen, dass sie sich etwas Zeit für Papageno nahm, bevor sie morgens das Haus verließ. Zudem musste sie sich darum kümmern, dass er während ihrer Abwesenheit mehr Abwechslung hatte. Das bedeutete, Futter für ihn zu verstecken und ihm zusätzlich einen gefüllten Futterball zur Verfügung zu stellen. Frau G. musste es ihrem Kater zuerst beibringen, dass er den Ball anzustupsen hatte, damit er ins Rollen kam und die begehrten Futterbröckchen aus ihm herausfielen.

Außerdem musste sie diese zusätzlichen Rationen von der Hauptfuttermenge des Tages abziehen. Papageno sollte ja kein Frustfresser werden. Zudem forderte ich sie auf, einen großen Karton zum Spielen ins Wohnzimmer zu stellen. Frau G. schnitt in die Seitenteile Löcher, so dass der Kater raus- und reinklettern konnte, und versteckte innen Spielzeug, raschelndes Papier und ähnlich Interessantes. Außerdem galt es, ihm gemütliche Aussichtsplätze einzurichten, von denen er hinaus in den Garten sowie auf die Straße schauen konnte.

Ich empfahl auch eine Bach-Blütenmischung, um Papageno zu helfen, etwas ausgeglichener zu werden. In diesem Fall war es besonders wichtig, alle anderen Therapieschritte zusätzlich durchzuführen.

Wenn Frau G. nach Hause kam, sollte sie dem Kater kurz etwas Aufmerksamkeit widmen, mit ihm sprechen, ihn streicheln, ihn mit einem Leckerchen dafür belohnen, dass er sich so gut allein die Zeit vertrieben hatte. Dann sollte sie ein Bällchen oder ein Fellmäuschen so weit werfen, wie sie konnte. Das konnte sie bequem vom Sessel aus tun, um sich selbst etwas Ruhe zu gönnen.

Auch ein Catdancer, eine Art beweglicher Klavierdraht, der einfach nur in der Hand gehalten wird, kann prima eingesetzt werden, um eine Katze zu bespielen.

Später vor dem Zubettgehen sollte sie sich auch noch einmal näher mit Papageno beschäftigen, sodass er ausgelastet und zufrieden wäre. Es kam nämlich manchmal vor, dass Papageno auch nachts lautstark »zu singen« begann. Sollte er dies zukünftig tun, musste Frau G. dieses Aufmerksamkeit heischende Verhalten unbedingt ignorieren, damit er erkannte, dass er damit keinen Erfolg mehr hatte.
Trotz allem musste ich zusätzlich vorsichtig anfragen, was Frau G. denn von einem Spielgefährten für Papageno hielte.

Gerade Wohnungskatzen von berufstätigen, allein stehenden Haltern sollten in der Regel einen Artgenossen um sich haben, damit sie sich die Zeit gemeinsam vertreiben können. Frau G. war dafür glücklicherweise sehr aufgeschlossen, und nachdem Papageno mit der Zeit tatsächlich sein forderndes Vokalisieren einstellte, bekam er zur Belohnung Katzengesellschaft, mit der er sich auf Anhieb gut verstand. Seitdem gab es keine »Opernarien« mehr.

Kapitel 9 | Eifersucht und Ablehnung

Eifersucht gibt es auch bei Katzen, sodass von Menschenseite alles getan werden sollte, um diese nicht noch zu fördern. Darum sollte keine Katze einer anderen vorgezogen werden, und auch bei einem neuen Lebenspartner, der plötzlich in Erscheinung tritt, sollte die Katze nicht vernachlässigt werden. Das bedeutet jedoch nicht, dass Eifersucht immer verhindert werden kann.

Manche Katzen reagieren eifersüchtig, wenn eine neue Katze ins Haus kommt. Betrachten wir dieses Ereignis einfach einmal aus der menschlichen Perspektive: Angenommen, ein Ehemann bringt eine weitere Frau ins Haus und sagt und zeigt seiner Ehefrau trotzdem ganz deutlich, dass er sie immer noch liebt, aber die andere eben auch. Sie wird zwar weiterhin liebevoll von ihm behandelt und verwöhnt, aber der Mann erwartet von ihr, dass sie diese neue Lebenssituation anstandslos akzeptiert.

Die Ehefrau hatte zudem noch nicht einmal ein Mitspracherecht, welche Frau als neue Mitbewohnerin ausgesucht wird und wurde sogar im Vorfeld nicht einmal davon unterrichtet. Von jetzt an wird jedoch ganz selbstverständlich von ihr erwartet, dass sie 24 Stunden mit ihr zusammenlebt, ihr gestattet, alles zu benutzen, was eigentlich ihr selbst gehört – und all das im Prinzip sogar, ohne die Wohnung nach Belieben verlassen zu können. Na, wie würde die Damenwelt in der Regel darauf reagieren?

Bei Katzen spielt dabei das Geschlecht keine wirkliche Rolle, da sie den Menschen ja als Sozialpartner und nicht als Sexualpartner empfinden. Insofern ist es nicht einmal von Bedeutung, ob eine Katze oder ein Kater einzieht. Vielleicht können Sie jetzt nachvollziehen, wie unrealistisch es eigentlich von uns ist, zu glauben, dass sich unsere Katze über eine neue genauso freut wie wir. Und trotzdem erleben manche Menschen diesen Glücksfall. Sind Katzen nicht etwas ganz Besonderes?

Cindy, oh Cindy...

Eifersucht kann sehr traurig machen

Fallbeispiel

Frau G. rief mich an und erzählte, dass ihre Katze Cindy sich immer mehr zurückziehe, nicht mehr spielen und auch weniger fressen würde als früher. Cindy war schon von der Tierärztin untersucht worden, aber körperlich fehlte ihr nichts. Jetzt galt es, herauszufinden, was ihr denn seelisch fehlte, und da wurde ich sehr schnell fündig.

Durch Nachfragen erfuhr ich, dass Frau G. vor kurzem noch einen Kater aus dem Tierheim aufgenommen hatte, der aus einer schlechten Haltung befreit worden war. Dieser arme Kerl hatte ein schlimmes Schicksal hinter sich und bekam das geballte Mitleid seines neuen Frauchens zu spüren. Sie kümmerte sich rührend um ihn, um ihm die Eingewöhnung zu erleichtern. Dazu gehörten Spiel- und Streicheleinheiten, die er auch nach einer kurzen Zeit der Scheu sichtlich genoss und sich pudelwohl fühlte.

Doch die arme Cindy war dabei völlig ins Hintertreffen geraten, da Frau G. allein lebte. Dieser war, wie ich heraushörte, gar nicht aufgefallen, dass sie Cindy regelrecht vernachlässigte. Nach dem Motto: Sie hat ja alles, was sie braucht und es geht ihr gut, aber dieser arme kleine Kerl, der soviel mitmachen musste, braucht jetzt meine volle Aufmerksamkeit. So sollte man bei allem menschlichen Verständnis nicht vorgehen.

Reaktionen aus Eifersucht

Cindy war bisher der alleinige Mittelpunkt gewesen. Sie wurde geliebt und bekam die ungeteilte Aufmerksamkeit. Plötzlich musste sie nicht nur ihr Revier mit jemandem teilen, sondern ihre Bezugsperson wurde ihr vollständig genommen. Alles, was sie bisher an Zuwendung bekommen hatte, bekam nun der Kater. Manche Katzen würden aus Eifersucht aggressiv gegenüber dem Eindringling reagieren oder unsauber werden. Ein Sensibelchen wie Cindy dagegen zieht sich dann enttäuscht zurück.
Auf die eher halbherzigen Annäherungen von Frau G. reagierte sie nicht mehr, weil sie die Oberflächlichkeit darin genau spürte, denn es war anders als vorher.

Als ich Frau G. klarzumachen versuchte, was in Cindy vorging, begann sie zu weinen. Sie hatte es gar nicht bemerkt, weil sie voll und ganz auf das Wohl des Katers fixiert war. Wenn sie sich zwischendurch immer mal wieder Cindy zugewandt hatte, ging diese nicht darauf ein oder verließ sogar den Raum. Cindy hatte sich aufgrund ihrer Persönlichkeitsstruktur dafür entschieden, lieber ganz darauf zu verzichten, obwohl sie natürlich offensichtlich sehr unter der Situation litt. Frau G. hatte irrtümlich angenommen, Cindy hätte kein Interesse.

Unterstützung bieten

Um Cindy zu helfen, ihr psychisches Gleichgewicht wiederherzustellen, empfahl ich eine entsprechende Bach-Blütenmischung. Diese Unterstützung war wichtig, damit sich die Probleme nicht auf die körperliche Ebene verlagerten. Katzen, die unter emotionalem Stress stehen, werden anfälliger für Krankheiten, denn ihr Immunsystem funktioniert nicht mehr einwandfrei. Mit Bach-Blüten allein war es aber natürlich nicht getan, denn es musste die Ursache für den Kummer aufgelöst werden.

Ich empfahl Frau G., sich gleichmäßig mit beiden Katzen zu beschäftigen, wobei sie Cindy zur Wiedergutmachung anfangs ruhig mehr und intensivere Aufmerksamkeit schenken und sie verwöhnen durfte.

Es war auch besser, mit Cindy vorübergehend alleine zu spielen, damit der fidele Kater sich nicht einmischte und das Spiel an sich riss. Durch die Erfolgserlebnisse beim Spielen baut eine Katze auch wieder mehr Selbstbewusstsein auf. Außerdem stärkt gemeinsames Spielen das Band zwischen Mensch und Katze.

Parallel dazu sollte Frau G. gemeinsame Aktionen initiieren, um eine Annäherung unter den Katzen zu fördern. Cindy war dem Kater bisher immer eher aus dem Weg gegangen und hatte ihn gemieden. Ihn störte das nicht, da er ja genug Ansprache, Ablenkung und Aufmerksamkeit durch Frau G. erhielt. Das ist aber nicht Sinn der Sache. Stattdessen sollte ein harmonisches Miteinander zwischen den Katzen das Ziel sein, was auch durch gemeinsames Fressen und Spielen gefördert werden kann. Da zwischen den beiden Katzen zum Glück weder Angst noch Aggression eine Rolle spielte, funktionierte es nach einer gewissen Zeit tatsächlich.

Carmen – Eifersucht oder mehr?

Fallbeispiel

Herr K. rief mich an und erzählte, dass seine Katze Carmen auf seine neue Lebensgefährtin eifersüchtig wäre. Sie würde sie regelrecht meiden, ihr aus dem Weg gehen und sich von ihr nicht anfassen lassen. Entweder würde Carmen sofort das Weite suchen oder sie sogar anfauchen. Er sei ganz verzweifelt, da er vorher lange Zeit mit der Katze alleine gelebt hätte und froh sei, endlich wieder eine Frau gefunden zu haben.

Menschliches Verhalten

Sicherlich spielte auch Eifersucht eine Rolle, aber dieses Gefühl ist meist vielschichtiger beziehungsweise sind mehrere Faktoren für ein solches Verhalten einer Katze verantwortlich. Es musste noch mehr dahinterstecken. Auf gezieltes Nachfragen erfuhr ich, dass die besagte Dame eine ziemlich laute und schrille Stimme hatte, die die Katze oftmals zusammenzucken ließ. Auch ihre auf dem Parkett laut klackernden Absätze schienen Carmen sehr zu irritieren. Zudem bemühte sich die Dame um die Katze, begrüßte sie sehr überschwänglich und versuchte immer wieder, Kontakt mit ihr aufzunehmen. Aus menschlicher Sicht verständlich, zumal sie wusste, wie ihr neuer Freund an dem Tier hing.

Aus kätzischer Sicht ein zusätzlicher Fehler. Nicht nur, dass die Dame ein für die an eine sonore, ruhige Stimme gewöhnte Katze ein eher unangenehmes Auftreten hatte, sie wollte die Katze auch noch zum Kontakt zwingen. Das ist für eine empfindliche Katzenseele einfach zu viel, zumal sie ihr Herrchen jetzt auch noch mit einem anderen weiblichen Geschöpf teilen sollte. Das Fauchen von Carmen bedeutete eher: »Lass mich bitte in Ruhe. Du bist mir unheimlich.«

Manche Katzen würden aggressiv reagieren, andere in Apathie verfallen und womöglich nichts mehr fressen. Jede Katze reagiert einzigartig und entsprechend ihrer Persönlichkeit. Die meisten Katzen haben eher ein Problem mit Männern und reagieren auf diese ängstlich. Das kommt daher, dass Männer eine tiefere Stimme, einen schweren Tritt und manchmal auch grobmotorischere (Hand-)Bewegungen haben. Natürlich kann es aber auch sein, dass eine solche Katze schlechte Erfahrungen mit einem Mann gemacht hat.

Mehr Einfühlungsvermögen

In diesem Fall war es jedoch umgekehrt. Das bedeutete, dass die Lebensgefährtin ab jetzt mehr Rücksicht auf die Bedürfnisse von Carmen nehmen musste. Ich empfahl Herrn K., ihr als Erstes ein Paar hübsche, kuschlige Hausschuhe zu kaufen, die auf dem Parkett keinerlei Geräusche machten. Für Katzenohren kann so ein Stakkato nämlich ohrenbetäubender Lärm sein, vor allem, wenn er genau auf sie zukommt. Außerdem sollte die Dame Carmen in der nächsten Zeit ignorieren, was unter Katzen eher eine überaus höfliche Geste ist.

Die Katze sollte von sich aus Interesse an der neuen Mitbewohnerin bekommen.

Ich empfahl dem Paar, die Handtasche der Frau geöffnet auf den Boden stellen, um so die Neugier der Katze zu wecken, die sich ihr dann von selbst nähern würde. Dieses Verhalten sollte anfangs ignoriert und später mit einem Leckerchen belohnt werden, wobei der Blick der Frau dabei in eine andere Richtung gehen sollte. Anstarren bedeutet unter Katzen nämlich Bedrohung und gerade von einem Menschen, der einem insgesamt nicht geheuer ist, wird das als zusätzlich belastend angesehen. Auch beim Sprechen sollte die Frau aus Rücksicht auf die Katze versuchen, sich ruhig und gelassen zu artikulieren.

Außerdem empfahl ich für Carmen eine genau auf sie abgestimmte Bach-Blütenmischung, um ihr zu helfen, diese neue, bis jetzt unangenehme Situation besser zu meistern und anders mit ihr umzugehen. Es ist immer wichtig, ganzheitlich einzuwirken, um den Auslöser für ein Verhalten abzumildern, aber auch die Fähigkeit, sich mit Unabänderlichem zu arrangieren, zu stärken.

Die Erfolgsmeldung kam früher als erwartet. Die Dame konnte zum Glück alles nachvollziehen und war sogar erleichtert, jetzt endlich konkrete Strategien an die Hand bekommen zu haben, wie sie vorgehen konnte. Sie war vorher einfach verunsichert gewesen, weil sie nicht wusste, wie sie die Katze für sich gewinnen konnte. Carmen akzeptierte sie jetzt, wenn auch ihre große Liebe nach wie vor ihrem Herrchen galt.

Manche Katzen trauern um einen verstorbenen Artgenossen und brauchen unter Umständen erst einmal eine lange Trauerzeit, bevor sie bereit sind, eine neue Katze zu akzeptieren. Sie haben sehr an ihrem Freund gehangen, können den Verlust kaum verschmerzen und vermissen ihn.
Eine fremde Katze kann da nicht einfach so seine Stelle einnehmen. Andere dagegen leben auf, wenn nach wenigen Monaten ein neuer Spielkamerad kommt. Genauso gibt es aber auch Katzen, die nach dem Tod der anderen Katze keinen anderen Artgenossen mehr um sich haben wollen und sogar regelrecht aufblühen, da sich ihr Bewegungsspielraum plötzlich in räumlicher Hinsicht erweitert hat und sie sich in psychischer Hinsicht befreit fühlen. Ihr Revier gehört ihnen jetzt alleine, für ihre Menschen sind sie nun der alleinige Mittelpunkt, sie müssen nichts mehr teilen, werden nicht mehr unterdrückt oder drangsaliert, können sich überall frei bewegen und ungestört ihren Interessen nachgehen.

Auch hier müssen wir uns einfach nur einmal in die Katze hineinversetzen. Auch wir empfinden den Verlust eines Menschen völlig unterschiedlich, je nachdem, wie nahe er uns stand, welches Verhältnis wir zu ihm hatten und welche Bedeutung er für uns besaß. Die meisten Halter denken jedoch in einer solchen Situation nicht an die Bedürfnisse ihrer Katze, sondern an ihre eigenen, und auch sie reagieren ganz unterschiedlich.

Die einen brauchen selbst eine ausreichende Trauerzeit, die anderen wollen den Schmerz sofort mit einer neuen Katze betäuben. Bei manchen habe ich auch einfach den Eindruck, dass sie keine ausreichende Bindung an das

Katzen können auch traurig, depressiv werden und sich zurückziehen.

verstorbene Tier hatten, sodass sie es einfach nahtlos ersetzen wollen und können. Ich finde jedoch letztendlich, dass das jeder für sich selbst entscheiden muss.

Traurig bin ich nur, wenn sich jemand tatsächlich dafür entscheidet, nie mehr einer neuen Katze ein schönes Zuhause zu geben, nur um den erneuten Schmerz zu vermeiden, wenn sie eines Tages von dieser Welt gehen muss.

Das ist für mich eher eine egoistische Einstellung, denn damit verwehrt er einer anderen Samtpfote ein schönes, angenehmes und behütetes Leben in seinem Heim. Meistens mache ich jedoch die Erfahrung, dass diese Einstellung immer nur von vorübergehender Dauer und dann ganz normal ist. Bei einem wahren Katzenfreund, kommt meistens irgendwann der Tag, an dem er merkt, dass ein Leben ohne Katze nicht wirklich lebenswert ist.

Problematisch wird es für mich erst dann, wenn eine zurückgebliebene Katze unter der Entscheidung ihres Menschen, eine neue Katze anzuschaffen, leidet. Dann bin ich froh, wenn ich wenigstens um Hilfe gebeten werde, um der Katze zu helfen, damit besser fertig zu werden. Dabei kommt es wie eingangs erwähnt, immer darauf an, wie die Katze letztendlich auf den neuen Gefährten reagiert und diese erneute Veränderung ihres gesamten Lebens empfindet.

Der traurige *Bajazzo*

Fallbeispiel

Frau R. kontaktierte mich und berichtete, dass sie ihren Kater vor kurzem einschläfern lassen musste und ihr Perserkater Bajazzo sehr um ihn trauere. Er wäre regelrecht apathisch, hätte keine Lust mehr zum Spielen und käme auch nicht mehr zum Schmusen. Er habe sich völlig von allem zurückgezogen. Da er ihr leid tat, hätten sie nun einen kleinen drei Monate alten Kater namens Clown zu sich geholt, um ihm den Verlust zu erleichtern.

So ganz glaubte ich der Dame das nicht, denn es war sicherlich eine Portion Eigennutz dabei, zumal sie sich leider für einen sehr jungen Kater entschieden hatte. Bajazzo war nämlich bereits zehn Jahre alt, also ein sehr reifer »Herr«, sodass es für ihn in dieser Hinsicht eine zusätzliche Zumutung war, sich nun mit einem »Kind« anzufreunden.
Bajazzo reagierte entsprechend überdeutlich. Er fauchte, sobald der Kleine nur in seine Nähe kam, wollte absolut nichts mit ihm zu tun haben und verweigerte sogar seit zwei Tagen sein Futter. Von seinen Menschen wendete er sich noch mehr ab und ließ sich gar nicht mehr streicheln. Der arme Kerl tat mir echt leid.

Neue Erkenntnisse

Als ich genauer nachfragte, erfuhr ich, dass es sogar noch eine weitere halbjährige Katze im Haushalt gab, die jedoch Freigängerin war. Sie war ein Findelkind, das zuerst in der Werkstatt des Mannes der Halterin lebte. Als sie dort verletzt wurde, versorgte die Frau die Kleine zu Hause in einem separaten Raum und seitdem lebte sie dort, wenn sie auch häufig draußen war. Das hörte sich natürlich schon etwas anders an, obwohl Bajazzo diese Katze ignorierte, was aber funktionierte, da sie keine reine Wohnungskatze war. Mir war daran gelegen, dass alle ihr Zuhause behalten durften. Das bedeutete also, dass wir alles versuchen mussten, um Bajazzo mit Clown auszusöhnen, damit der sich doch noch an den Neuling gewöhnte.
Ich machte Frau R. klar, dass Bajazzo ein ziemlich gesetzter Herr war und Clown ein Baby, also keine wirklich gelungene Kombination. Der eine wollte seine Ruhe, und der andere brauchte Action, denn sein Katzenleben begann ja erst. Es war praktisch so, was hätte man einem alten Junggesellen ein Kleinkind ins Haus geschleppt. Trotzdem war mir an einer halbwegs guten Lösung für alle Beteiligten gelegen. Vorrangig war das Wichtigste, dass Bajazzo wieder zu fressen begann, weshalb ich Frau R. einige entsprechende Tipps gab, die dann tatsächlich auch die gewünschte Wirkung erzielten.

Fehlinterpretationen aufklären

Nach Auswertung des Fragenkatalogs musste ich sie darüber aufklären, dass das Wedeln mit dem Schwanz, das Clown zeigte, nichts mit Freude, wie bei einem Hund, zu tun hatte, sondern eher ein Zeichen von Erregung, Unentschlossenheit und innerer Unruhe ist. Auch, dass er angeblich »die für kleine Katzen typische

Pose des Unterwerfens« zeigte, womit sie das sich auf den Rücken werfen meinte, musste ich als Fehlinterpretation entlarven. Er war ja kein kleiner Hund, und bei Katzen bedeutet diese Position eine optimale Verteidigungsmöglichkeit mit sämtlichen Waffen. Auch das Fauchen und Knurren von Bajazzo musste ich nochmals ganz deutlich als ein Zeichen von Unsicherheit und nicht von Aggressivität richtig stellen. Trotzdem hörte sich alles insgesamt nicht so schlimm an, wie ich es zuerst befürchtet hatte. Bajazzo versuchte zwar, Clown auf Abstand zu halten, was er aber wohl auch später immer wieder mal tun würde, um in seinem Alter die wohlverdiente Ruhe zu haben. Da Clown jung war, würde er es jedoch akzeptieren, immer wieder mal vertrieben zu werden, und in seiner Unbedarftheit trotzdem erneut den Kontakt suchen. Außerdem war es von Vorteil, dass es zeitweise noch die junge Katze gab, wenn sie nicht gerade auf ihren Streifzügen unterwegs war. Die beiden Jungtiere verstanden sich nämlich ganz gut und würden mit der Zeit bestimmt richtige Spielkameraden werden, die miteinander toben konnten.

Da es zu keinen extremen Auseinandersetzungen kam, mussten die Katzen nicht getrennt gehalten werden. Bach-Blüten für Bajazzo und eine Spieltherapie reichten in diesem Fall völlig aus. Es sollte unbedingt auch gemeinsam mit Bajazzo und Clown gespielt werden, damit sie sich auf diese Weise näher kamen und eine Verbindung aufbauten. Es musste jedoch darauf geachtet werden, dass keine Konkurrenz entstand und Clown das Spiel nicht an sich riss.

Mit der richtigen Bach-Blütenmischung, die wohl wirklich Balsam für Bajazzos arme Seele war, und genügend Zeit, um sich an Clown zu gewöhnen, kam tatsächlich bald die Rückmeldung, dass die beiden gute Fortschritte machten. Der ältere Kater war sogar bereit, eine ähnliche Konstellation wie mit dem früheren Kater einzugehen. Er ließ zu, dass der Kleine im Bett direkt neben ihm schlief, und war sogar gönnerhaft dazu bereit, ihn manchmal ein wenig zu putzen. Es hat sich also wirklich als hilfreich erwiesen, dass Frau R. sich fachliche Hilfe für dieses Problem gesucht hat. Ende gut, alles gut.

Kapitel 11 | Übertriebene Fellpflege

Manche Katzen reagieren auf Missstände oder innere Unruhe, indem sie sich ihr Fell kahl und die Haut wund lecken. Durch die raue Katzenzunge kann es sogar zu offenen Stellen kommen, was fatale Auswirkungen haben kann.

Während andere Katzen offensiv aggressiv reagieren würden, richten diese Katzen die Aggressionen gegen sich selbst. Es ist ein regelrecht selbstzerstörerisches Verhalten, bei dem zudem leider Endorphine, also Glückshormone, freigesetzt werden, was den Suchtcharakter noch verstärkt.

Es ist für jede Katze normal, dass sie in einer Stresssituation oder aber bei Unsicherheit beziehungsweise Unentschlossenheit eine Übersprungshandlung zeigt, indem sie sich unvermittelt heftig leckt. Das hat mit dem normalen Putzen nichts zu tun, sondern ist einfach eine Entlastungsreaktion. Diese ist jedoch immer nur von ganz kurzer Dauer, so als ob wir uns unvermittelt am Kopf oder am Kinn kratzen, wenn wir nachdenken oder uns aus Verlegenheit ins Haar greifen. Wenn es bei einer Katze jedoch die zuvor beschriebenen Dimensionen annimmt, handelt es sich um eine Verhaltensstörung.

Regelmäßige Fellpflege ist normal, exzessives Belecken jedoch nicht.

Sissy – das Schicksal einer »Kaiserin«

Fallbeispiel

Frau K. rief mich an und erzählte, dass ihre Birmakatze Sissy sich ständig lecke und schon ganz kahle Stellen hätte. Natürlich fragte ich als Erstes, ob sie denn schon mit ihr beim Tierarzt war, damit dieser körperliche Ursachen ausschließen konnte. Die Katze war jedoch auf alles untersucht worden: Parasiten, Pilze, Ausschlag und sogar auf eine Allergie.
Es lagen auch weder Stoffwechselstörungen noch eine Nierenerkrankung vor. Zum Glück war die Tierärztin gründlich gewesen und hatte nicht einfach Kortison verschrieben, um lediglich die Symptome zu bekämpfen. Somit mussten wir tatsächlich davon ausgehen, dass es psychische Gründe waren.
Mir fiel zwar sofort bei der Schilderung auf, dass Sissy als Einzelkatze gehalten wurde, aber das allein konnte es ja nicht nur sein.

Auf gezieltes Hinterfragen bestätigte sich jedoch mein erster Verdacht, dass es sich bei Sissy um Einsamkeit und Langeweile handelte. Frau K. lebte alleine, war den ganzen Tag über berufstätig und hatte auch abends öfter etwas vor. Sie begrüßte Sissy immer nur flüchtig, gab ihr etwas zu fressen und ging dann ihren eigenen Interessen nach. Auf meine Frage hin, wie sie denn reagierte, wenn sie Sissy dabei erwischte, dass sie sich wieder einmal unkontrolliert leckte, erfuhr ich, dass sie dann lautstark mit ihr zu schimpfen begann. Die Katze hörte dann auch sofort mit dem Lecken auf, fing aber nach einer gewissen Weile, nachdem Frau K. sich beruhigt hatte, erneut an.

Ein Schrei nach Aufmerksamkeit

Bei Sissy handelte es sich also zusätzlich um ein Aufmerksamkeit heischendes Verhalten. Das arme Katzenmädchen bekam in erster Linie dann Beachtung, wenn sie etwas Verbotenes tat. Obwohl das Schimpfen eher eine negative Form von Aufmerksamkeit war, war ihr das lieber, als ständig ignoriert zu werden. Ich empfand tiefes Mitgefühl für die Samtpfote, die sich aus Verzweiflung selbst verstümmelte. Jetzt ging es darum, der Halterin die Ursachen einfühlsam klarzumachen und ihr zu vermitteln, was sie unbedingt ändern musste.

Ich erklärte Frau K., dass Sissy vereinsamt und völlig unterbeschäftigt war. Sie wurde nicht gefordert und hatte keinerlei Abwechslung. Den Tag verbrachte sie wahrscheinlich in erster Linie mit Schlafen, Dösen, Körperpflege und Fressen und wartete sehnsüchtig darauf, dass ihr Frauchen endlich heimkam. Wenn diese endlich in Erscheinung trat, passierte jedoch wieder nichts , sondern es blieb eintönig.

Frau K. musste sich unbedingt abends und auch morgens vor der Arbeit Zeit nehmen, um mit Sissy zu spielen. Katzen müssen über das Spielen ihren aufgestauten Jagdtrieb abreagieren können und sich Erfolgserlebnisse verschaffen. Gerade Wohnungskatzen leben ja immer in der völlig gleichen, oftmals zu reizarmen Umgebung. Während ihrer Abwesenheit sollte Frau K. Futter verstecken, Kartons in der Wohnung aufstellen und Bänder von erhöhten Stellen, die die

Katze erreichen konnte, baumeln lassen. Dabei war natürlich darauf zu achten, dass die Katze sich in den Bändern nicht verheddern und strangulieren konnte.
Sie sollte außerdem oft mit Sissy sprechen, wenn sie zu Hause war und die Katze in ihre eigenen häuslichen Aktivitäten mit einbinden. Sissy brauchte Ansprache, Abwechslung und wollte mit einbezogen werden.

Außerdem bat ich Frau K. in Ruhe darüber nachzudenken, ob sie sich nicht vorstellen könne, eine zweite Katze zu sich zu nehmen, damit Sissy während ihrer Abwesenheit jemanden zum Spielen und Beschäftigen hatte.
Natürlich müsste Frau K. sich abends und am Wochenende trotzdem um beide Katzen kümmern und mit ihnen spielen. Auch dann konnte sie die Katzen nicht nur sich selbst überlassen.
Es reicht einfach nicht, wenn Katzen mit allem versorgt werden, was sie zum Lebenserhalt brauchten wie Futter, Wasser, eine Katzentoilette und einen sicheren Schlafplatz.
Einerseits hatte Frau K. gehofft, ich würde ihr lediglich ein »Mittelchen« empfehlen, was das Problem lösen würde. Das tat ich auch, in Form von einer Bach-Blütenmischung, die Sissy dabei unterstützte, etwas ausgeglichener zu werden und nicht mehr den Zwang zur Selbstzerstörung zu haben. Die Ursache aber, die Einsamkeit und Eintönigkeit, musste die Halterin beheben. Das sah sie zum Glück auch ein. Nachdem Sissy nach regelmäßigen Spielaktivitäten, mehr Aufmerksamkeit und Abwechslung in ihrem Zuhause tatsächlich aufgehört hatte, sich ständig zu belecken, bekam sie ein kleines Katzenkind zum Spielen. Beide gewöhnten sich sehr schnell aneinander und wurden ein Herz und eine Seele.

Katzen sind hoch entwickelte Lebewesen, die gewisse Ansprüche und Bedürfnisse haben. Wenn diese nicht erfüllt werden, reagiert eine Katze ihrem individuellen Naturell entsprechend mit einem auffälligen Verhalten. Die eine wird aggressiv und reagiert ihren aufgestauten Trieb mit Zerstörungswut ab, während eine andere wie Sissy all das gegen sich selbst richtet. Andere Katzen wiederum werden unsauber, verfallen in Lethargie oder geben sich der Fresssucht hin. Jede drückt ihr Unbehagen anders aus.

Lilly und ihre Vergangenheit

Fallbeispiel

Eine andere Katze namens Lilly rupfte sich das Fell büschelweise aus und war stellenweise ganz kahl. Sie war insgesamt sehr schreckhaft, ängstlich, misstrauisch, unsicher und ständig angespannt. All das, obwohl sie acht Jahre alt war und seit ihrer 12. Lebenswoche bei einer liebevollen Frau und deren Freund lebte.

Als ich jedoch ihre Vorgeschichte erfuhr, passte wieder einmal alles zusammen. Die Halterin berichtete mir, dass die Katze auf einem Gestüt wild zur Welt gekommen war. Dort trainierten russische Jockeys, die nicht gerade zimperlich mit den Tieren umgingen, sodass sie von einer Tierschützerin dort weggeholt wurden. Bis heute hatte das Katzenmädchen Angst vor Händen und Füßen, sogar generell vor aufrecht gehenden Menschen. Wenn jemand direkt auf sie zukam, rannte sie sofort weg. Sogar ihr Frauchen durfte sie nie streicheln, wenn sie mit der Hand direkt von vorne auf sie zukam. Diese Hand wollte sie nur streicheln, eine andere hatte sie damals jedoch wahrscheinlich grob gepackt und ihr womöglich etwas angetan. Nur durch festes Zupacken erleidet eine Katze nicht ein solches Trauma! Bis heute hat sie das nicht vergessen, und in bestimmten Situationen kam die Erinnerung, die als Trauma gespeichert war, immer wieder hoch und ließ sie unangemessen reagieren.

Schon auf geringste Geräusche reagierte Lilly mit Zusammenzucken und Wegrennen. Sie stand ständig unter Spannung, um jederzeit bereit zur Flucht zu sein. Obwohl sie seit fast acht Jahren in einem sicheren Zuhause lebte, in dem ihr noch nie ein Härchen gekrümmt wurde, verkroch sie sich manchmal ohne Grund. Für Besucher blieb sie unsichtbar. Nur ganz selten, wenn alle Rahmenbedingungen stimmten, ihre Menschen mit einem Federbett zugedeckt, bewegungslos im Bett lagen und es ganz leise war, legte sie sich ganz vorsichtig dazu. Dann war sie plötzlich eine anhängliche, anschmiegsame und hingebungsvolle Katze, bis sie sich durch irgendetwas erschreckte und wie von der Tarantel gestochen aufsprang und wegrannte.

Es ist so unfassbar, zu was Menschen fähig sind, und wie sie ein ganzes Katzen- oder auch Kinderleben verderben können. Mir wird manchmal vorgeworfen, ich würde mich in meinen Büchern eher negativ über Männer äußern, was leider auch in diesem wieder der Fall ist. Natürlich gibt es auch viele wunderbare, tierliebe, fürsorgliche und einfühlsame Männer, aber seien wir einmal ehrlich, es sind doch in erster Linie ihre Geschlechtsgenossen, die mit irgendeiner Tierquälerei oder Rücksichtslosigkeit in Zusammenhang stehen. Ich kann all die vielen Geschichten, die ich immer wieder zu hören bekomme, einfach nicht vergessen. Ich kann auch nicht begreifen, wie man sich an unschuldigen und wehrlosen Wesen vergreifen kann. Hat nicht jede Seele eine gewisse Hemmschwelle, einer anderen Leid zuzufügen? Bei dem, was ich manchmal im Fernsehen zu sehen bekomme, ergreift mich nicht nur regelrechter Hass, sondern auch Fas-

sungslosigkeit. Wie ist das möglich? Was geht in solchen Menschen vor? Was veranlasst sie zu so einem Verhalten? Wie kann man so etwas tun und immer noch ruhig schlafen? Was muss geschehen, damit jemand so verroht, gefühllos, unsensibel, eiskalt, grausam und brutal wird, um zu so etwas fähig zu sein?

Ablenkung und Beschäftigung

Um dieses Kapitel doch noch positiv abzuschließen: Lilly konnte mit einer Spieltherapie sowie den richtigen Bach-Blüten tatsächlich geholfen werden. Natürlich wurde aus ihr keine mutige, absolut selbstsichere Katze, aber sie wurde wenigstens etwas ausgeglichener und zugänglicher. Natürlich gab es auch immer noch ab und zu den ein oder anderen Rückfall in ihr etabliertes Verhalten, aber zum Glück keine kahlen Stellen mehr. Ich möchte an dieser Stelle auch etwas erwähnen, was die Therapie ganz entscheidend positiv beeinflusste. Lilly hatte einen verstärkten Appetit, was für mich in Richtung Frustfressen ging und ebenfalls eine Ersatzhandlung darstellte, um Druck abzubauen.

Das konnten wir jedoch zu unserem Vorteil nutzen. Ich empfahl ein Katzenfummelbrett, das sogenannte Fun Board. Hierbei handelt es sich um ein weißes Kunststoffbrett, das in fünf Bereiche aufgeteilt ist. Die verschiedenen Zonen werden mit Trockenfutter befüllt und dann muss die Katze unterschiedliche Disziplinen anwenden, um an das Futter zu kommen. Es gibt einen Tunnel, aus dem es hervorgeholt werden kann, kleine Ausbuchtungen, aus denen die Zunge es angeln kann, eine Art Slalom, der aus Zapfen besteht beziehungsweise leicht geschwungene Bahnen, aus denen die Futterbröckchen einzeln mit der Pfote herausgezogen werden und durchsichtige Kugeln, aus denen sie herausgehoben werden. Das sorgt nicht nur für Ablenkung, Abwechslung und Action, sondern verhindert durch die immer nur einzeln zu ergatternden Leckerchen, dass sich die Katze den Bauch vollschlägt.

Bei Lilly kam es wunderbar an und sorgte dafür, dass sie »auf andere Gedanken kam« und etwas viel Interessanteres gefunden hatte, als sich ihr Fell auszureißen.

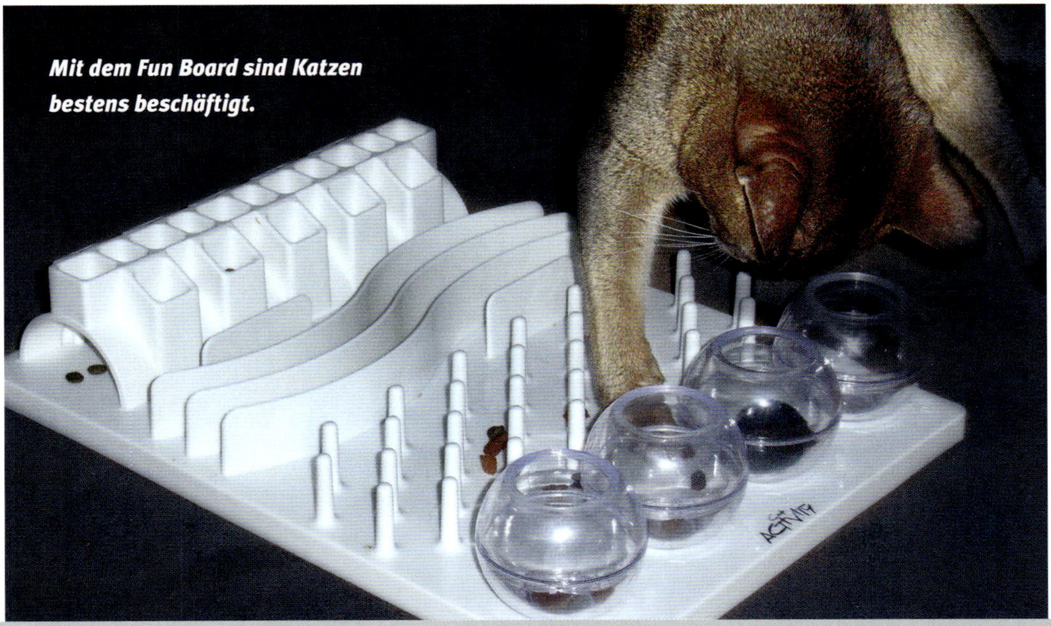

Mit dem Fun Board sind Katzen bestens beschäftigt.

Kapitel 12 | Erziehung

Da Lernen das Leben einer Katze sicherer macht und ihr hilft, die Lebensbedingungen zu verbessern, ist sie dazu jederzeit bereit und auch in der Lage. Sie kann etwas durch Belohnung oder Strafe lernen. Wie jedes Lebewesen wiederholt sie ein Verhalten, das zu einer positiven Erfahrung führt, häufiger und lieber als eines, das mit einer unangenehmen Erfahrung verbunden ist.

Allerdings ist die Belohnung eines erwünschten Verhaltens immer der Bestrafung eines unerwünschten Verhaltens vorzuziehen. Ein solches sollte möglichst eher ignoriert werden. Eine Strafe vermittelt schließlich in keiner Weise, was stattdessen erlaubt ist und von der Katze erwartet wird. Die Belohnung eines richtigen Verhaltens bestätigt sie dagegen darin, dass dieses Vorteile für sie hat.

Manchmal lässt es sich aber einfach nicht vermeiden, einer Katze deutlich zu machen, dass sie gerade ein unerwünschtes Verhalten zeigt. Wie sollte sie sonst wissen, dass dies nicht erlaubt ist? Die Bestrafung in einem solchen Fall sollte jedoch immer adäquat, also angemessen, ausfallen.

Akzeptable Strafen für eine Katze sind: ein knallendes Händeklatschen und/oder ein strenges »Nein!«. Durch den kurzen Schreck lässt sie in der Regel von ihrem Vorhaben ab. Die Katze dann unbedingt sofort überschwänglich loben.

Auch die Bedeutung bestimmter Gesten verstehen Katzen schnell. So kann zusammen mit einem strengen »Nein« auch der Zeigefinger tadelnd erhoben werden. Später reicht dann nur noch der erhobene Zeigefinger aus. Bei einer Strafe ist zudem unbedingt der richtige Zeitpunkt wichtig, denn sie muss genau während des falschen Verhaltens oder am besten bereits erfolgen, wenn die Katze gerade dazu ansetzt. Da eine Handlung meistens sekundenschnell abläuft, kommt eine Strafe eigentlich fast immer zu spät. Sekunden später wird nämlich bereits ein richtiges, erwünschtes, normales Verhalten bestraft. Das kann die Katze nicht nur irritieren, sondern auch eine verkehrte Konditionierung bewirken.

Eine Katze kann nur zeitgleich den Zusammenhang zwischen ihrer aktuellen Handlung und einer Strafe erkennen. Ansonsten versteht sie ganz einfach nicht, was ihr Mensch hat und warum er sich so unangemessen verhält. Das gilt ebenfalls für lange Schimpftiraden.

Wir sprechen für unsere Katzen eine absolut fremde Sprache, so als würde jemand völlig unverständlich auf Hebräisch auf uns einreden und wild herumfuchteln. Wir wüssten weder, was er von uns will, noch warum er sich so aufregt, weil wir uns unserer Kultur entsprechend völlig normal verhalten haben. Es wäre sehr irritierend für uns.

Eine Strafe belastet zudem die Beziehung, und Vertrauen geht verloren. Außerdem vermittelt sie Stress, was das dazu führen kann, dass ein aus Unsicherheit gezeigtes Verhalten nun erst recht häufiger gezeigt wird. Bei einem arttypischen Verhalten, wie dem Kratzen, ist es außerdem wichtig, es nicht einfach zu verbieten, sondern der Katze zu zeigen, an welcher Stelle es erlaubt ist.

Eine Belohnung fördert dagegen die Beziehung zwischen Katze und Mensch, stärkt das Vertrauen und fördert die Bereitschaft der Katze, etwas Bestimmtes zu tun. Mit Lob, Belohnung und Motivation werden erstaunliche

Wird unerwünschtes Verhalten nicht im Ansatz unterbunden, ...

Erziehungserfolge erzielt. Allerdings wirkt auch ein Lob nur dann verstärkend, wenn es direkt auf ein erwünschtes Verhalten erfolgt, da die Katze ansonsten den Zusammenhang nicht erkennen kann. Allerdings schadet es wenigstens nicht, wenn es zu spät kommt. Bei der Erziehung einer Katze ist Konsequenz einfach unerlässlich. Etwas muss generell und immer tabu sein und darf nicht ein einziges Mal erlaubt werden. Ansonsten ist die Katze verwirrt beziehungsweise macht aus einer einmaligen Erlaubnis sofort ein Gewohnheitsrecht. Auch muss klar sein, dass eine Katze, wenn sie nicht durch die richtige Erziehung gewisse Regeln gelernt hat, diese nicht kennen und somit auch nicht respektieren kann. Eine Aussage, wie: »Lass das bitte sein. Ich habe dir doch schon oft gesagt, dass du das nicht tun sollst.«, hat mit Erziehung nichts zu tun. Stellen Sie sich vor, jemand würde wie beschrieben in einer fremden Sprache auf Sie einreden, ohne Ihnen deutlich zu vermitteln, was er meint.

Das bedeutet beispielsweise, die Katze vom Tisch herunterzuheben oder aus der Gardine herauszuholen und nicht nur einfach verbal zu erklären, dass sie dies gefälligst unterlassen soll und womöglich noch, warum. Das wäre erzieherisch absolut wertlos, denn Katzen sind nun einmal keine kleinen Kinder.

Eine Katze kann nur mit viel Liebe, Geduld, Geschick, Konsequenz, Gelassenheit und Einfühlungsvermögen erzogen werden. Befehle oder Kommandos werden von ihr anders als von einem Hund in der Regel nicht ausgeführt. Katzen sind nun einmal eigenwilliger und müssen ihren Vorteil klar erkennen können. Ich finde, dass das wieder einmal eine sehr verständliche und nachvollziehbare Einstellung der Samtpfoten ist, oder? Übrigens kann Erziehung nur dann helfen, wenn es sich nicht um einen nicht willentlich beeinflussbaren Reflex der Katze handelt. Ich habe einen Artikel einer Katzenhalterin gelesen, in dem sie sehr bildhaft beschrieb, wie einer ihrer Kater dummerweise immer dann seine verschluckten Haarballen erbrechen musste, wenn sie mit ihrem Mann am Frühstückstisch saß – und zwar oben vom Kratzbaum herunter.

Der Ehemann hatte immer das Pech so (un-) günstig zu sitzen, dass er regelmäßig die volle Ladung abbekam. Dass die Dame des Hauses dann auch noch einen Lachanfall bekam, so wie es mir beim Lesen des Artikels auch erging, machte ihn natürlich noch wütender. Sogar in einem solchen Fall fallen mir jedoch ausreichende »Therapiemaßnahmen« ein. Hier ein paar Beispiele: Tisch und Kratzbaum werden etwas anders platziert, um den Mann zu schützen.

Außerdem werden Unterhaltungen etwas gedämpfter geführt, sodass man das mahnende Geräusch des Vorwürgens auch mitbekommt.

... und am Ende das.

Dann bringt man sich entweder rasend schnell in Sicherheit oder aber hebt den Kater wenigstens blitzschnell auf den Fußboden, damit er dort seinem drängenden Vorhaben nachkommen kann.

Ich sitze sofort senkrecht im Bett, wenn mein Kater meistens mitten in der Nacht oder aber in den ganz frühen Morgenstunden meint, sich von dieser Last befreien zu müssen. Dieses unverwechselbare Geräusch lässt mich dann sofort hellwach aus dem Bett springen, um zu versuchen, das Schlimmste doch noch zu verhindern. Leider muss ich mich immer erst orientieren, woher das verräterische Geräusch kam, um den Kater orten zu können. Das kostet mich leider manchmal wertvolle Zeit, in der es dann schon geschehen ist – auf den hellgrauen Veloursteppichboden. Wenn ich viel Glück habe, schaffe ich es jedoch, ihn noch in Bad oder Küche auf die Fliesen zu hieven, bevor die Hauptladung kommt. Letztendlich tut mir der arme Kerl jedoch in dieser Situation immer leid, da es ja auch für ihn nicht angenehm ist.

Zudem ist es wichtig, dass er das Zeug los wird, damit es seinen Darm nicht verschließt. An dieser Stelle ein Appell an die Industrie, wieder schmackhaftere und wirksamere Produkte zu erfinden, die den Abtransport der Haarballen über den Darm fördern.

Ein Lümmel ist kein Musterknabe

Fallbeispiel

Frau M. rief mich an und erzählte, dass ihr Kater Lümmel ein ebensolcher sei. Er stehle Essen vom Tisch, grabe Blumenerde aus und kratze sie öfter beim Spielen.

Lümmel war ein Jahr alt und schien mir aufgrund der Schilderungen weder hyperaktiv noch sonst besonders auffällig zu sein, sondern nur ein jugendlicher Heißsporn, der einfach keine Erziehung genossen hatte. Woher soll eine Katze wissen, was erlaubt und was verboten ist, wenn es ihr niemand beibringt? Sie macht dann einfach alles, was ihr Spaß macht oder ihr einen Vorteil verschafft. Als ich Frau M. darauf aufmerksam machte, war sie ganz erstaunt. Sie verstand dann zwar, dass es ihre Aufgabe gewesen wäre, Regeln einzuführen, aber sie wusste einfach nicht wie und fühlte sich ratlos.

Im Fragenkatalog hinterfragte ich noch einmal genau die unerwünschten Verhaltensweisen sowie Lümmels generelles Verhalten und in bestimmten Situationen. Danach war ich sicher, dass es sich wirklich um keinen psychologischen Hintergrund handelte, sondern schlicht und einfach um Erziehung. Ohne klare Regeln macht eine Katze natürlich das, was sie will.

Entsprechende Erziehungsmaßnahmen

Ich vermittelte Frau M., dass sie sofort mit entsprechenden Erziehungsmaßnahmen beginnen sollte. Dazu gehörte allerdings auch, es dem Kater nicht unnötig schwer zu machen, indem man ihn in Versuchung führte. Das bedeutete, dass ab sofort kein Essen mehr einfach so auf dem Tisch herumstand, dass Lümmel gefüttert wurde, bevor seine Menschen aßen und dass der Esstisch ab sofort tabu war, auch wenn er nicht gedeckt war. Eine Katze kann nämlich nicht verstehen, dass manchmal etwas halbwegs erlaubt ist und dann wieder absolut verboten. Das bedeutet, dass etwas Bestimmtes konsequent immer tabu sein muss.

Natürlich dauert es eine gewisse Zeit, bis ein solches Verbot akzeptiert wird, denn schließlich wurde es ja bisher gestattet, und Erfolgserlebnisse hatte es auch schon einige gegeben. Katzen vergessen es nicht so schnell, wenn sie irgendwo einen schmackhaften Bissen ergattern konnten.
Sobald Lümmel also auch nur Anstalten machte, auf den Tisch zu springen, sollte Frau M. laut in die Hände klatschen und streng »Nein!« rufen. Sollte das nicht reichen beziehungsweise sie ihn

erst entdecken, wenn er bereits auf dem Tisch war, sollte sie ihn sofort mit einem strengen »Nein!« herunterheben. Auf diese Weise lernte Lümmel mit der Zeit, dass dies ein unerwünschtes Verhalten war.

Regeln im Miteinander

Auch sonst benahm er sich relativ respektlos gegenüber seinen Menschen, weil ihm einfach nie Regeln im Miteinander beigebracht wurden. Das musste nachgeholt werden, indem ihm vermittelt wurde, dass seine Kratzattacken beim Spielen weh taten. Ein jammerndes, aber nicht aggressives »Aauuh!« sowie das anschließende Einstellen des Spieles würden es ihm mit der Zeit verdeutlichen. Zudem sollte Frau M. möglichst gar nicht mehr direkt mit der Hand, sondern nur mit einer Katzenangel oder einem Gegenstand mit ihm spielen.

Ausreichende Beschäftigung

Regelmäßiges Spielen war jedoch ganz wichtig für Lümmel, da es ihm als Wohnungskatze die fehlenden Jagdaktivitäten ersetzte, er seine überschüssige Energie auf diese Weise abreagieren konnte, beschäftigt und ausgelastet war. Eine unterforderte Katze, die sich langweilt, kommt nämlich sonst auf »dumme Gedanken«, um sich Abwechslung zu verschaffen. Ich war sicher, dass Lümmel die Blumen automatisch in Ruhe lassen würde, wenn er ausreichend Beschäftigung hatte. Ansonsten empfahl ich Frau M. spezielle Plastikgitter, mit denen sie die Blumenerde abdecken konnte.

Nach einiger Zeit meldete sich Frau M. und erzählte begeistert, dass Lümmel zwar immer noch kein echter Musterknabe sei, aber sich ansonsten an die neuen Regeln halte.

Verstreute Blumenerde gab es dank regelmäßiger Beschäftigung gar nicht mehr, und beim Spielen war er vorsichtiger.
Nur ab und zu saß Lümmel auf dem Esszimmertisch, wenn Frau M. das Zimmer betrat. Sobald er sie jedoch sah, sprang er sofort hinunter, denn er hatte schon verstanden, dass er das nicht tun sollte. Allerdings hatte er von dort oben einfach einen guten Überblick über den Raum, sodass ich Frau M. empfahl, einen entsprechend hohen Kratzbaum in der Nähe des Tischs zu platzieren. Dadurch bekam Lümmel eine andere attraktive Alternative, die er gerne annahm.

Bob - der Baumeister

Fallbeispiel

Ein Katzenhalter namens H. rief mich an und erzählte, dass sein Kater Bob ständig an der neuen Couch kratzte. Das gute Stück hatte eine Holzumrandung, die schon völlig zerkratzt war und auch der Stoff hatte schon ziemlich gelitten. Seine andere Katze ignorierte diese Couch völlig, aber Bob beschäftigte sich täglich damit.

Ich erklärte, dass es wohl in erster Linie um eine Verunsicherung Bobs ginge, die das neue Möbelstück aufgrund seines fremden Geruches, der neuen Struktur und des anderen Aussehens hervorriefe. Da jede Katze eine eigenständige Persönlichkeit hat, verwundert es auch nicht, dass die eine völlig gelassen und unbeeindruckt davon bleibt, während die andere ihrer Verunsicherung deutlich Ausdruck verleihen muss.

Katzentypisches Verhalten

Bob tat letztendlich nichts anderes, als diese Couch zu markieren, um sie vertrauter und weniger fremd und bedrohlich für sich zu machen. Manche Katzen würden dies mit Urin tun, während Bob sich für eine Geruchs- und Sichtmarkierung entschieden hatte. Mit den Duftdrüsen, die an seinen Pfoten sitzen, hinterließ er seinen Geruch und mit den Kratzspuren sorgte er für eine Sichtmarkierung in Form eines regelrechten Graffitis. Auf diese Weise setzte er gezielte Botschaften ab, die er regelmäßig auffrischte.
Natürlich hören es die meisten Katzenhalter nicht gerne, dass ihre Katze ein völlig artgerechtes Verhalten zeigt, das in dem Sinne nicht therapiert werden muss und kann. Es ist aber selbstverständlich unzumutbar, sich die Einrichtung demolieren zu lassen, sodass es hier darum ging, ein arttypisches Verhalten einfach in andere Bahnen zu lenken. Aus Bobs Sicht verhielt er sich völlig normal, aus der Sicht seines Menschen musste natürlich Abhilfe geschaffen werden. Wir bräuchten eine Lösung, die beide Seiten zufriedenstellte.

Verhalten in andere Bahnen lenken

Ich riet Herrn H., die Couch zuerst einmal für Bob unattraktiv zu machen. Das bedeutete, dass die verführerische Holzumrandung, die sich so gut bearbeiten ließ, für eine gewisse Zeit abgedeckt werden musste. Auch die Sitzfläche aus Stoff sollte mit Decken oder Tüchern unzugänglich gemacht werden. Dabei empfahl es sich, etwas zu verwenden, das Bobs eigenen Geruch oder den vertrauten seiner Menschen trug. Damit verlor die Couch ihren geruchlichen Schrecken und ließ sie vertrauter riechen. Zusätzlich sollte vorübergehend ein Kratzbaum in unmittelbarer Nähe platziert werden, an dem Bob sich auslassen konnte, falls es ihn wieder überkam. Dieser konnte dann mit der Zeit immer ein Stückchen weiter weggerückt werden, bis er wieder an seinem ursprünglichen Platz stand.

Darüber hinaus konnte ich Herrn H. nur empfehlen, eventuelle Kratzversuche im Keim zu ersticken, falls er sie beobachtete. Er sollte laut in die Hände klatschen und streng »Nein!« rufen, sobald Bob doch wieder Anstalten machen würde, die Couch zu malträtieren. Auf diese Weise signalisierte er ihm, dass dies ein absolut unerwünschtes Verhalten war.

Zudem hatte er ihm ja auch eine Alternative zur Verfügung gestellt – nämlich den Kratzbaum. Auf diesen sollte er Bob in solchen Situationen aufmerksam machen. Allerdings dürfe er das niemals in der Weise tun, dass er einfach Bobs Pfoten nahm und damit daran kratzte. Das machen leider viele Katzenhalter immer noch, was jedoch völlig falsch ist. Für die Katze bedeutet es einen unangenehmen Zwang, der ihr das Kratzen dort verleidet, anstatt es ihr schmackhaft zu machen. Außerdem stellte es eine gute Form der Ablenkung dar, wenn Herr H. plötzlich mit den eigenen Fingernägeln interessante Geräusche am Kratzstamm verursachte und den Kletterbaum vielleicht noch mit dort deponierten Leckerchen oder Spielzeug zusätzlich attraktiv machte.

Hier ist Kratzen erwünscht!

Herr H. hatte Glück, denn Bob akzeptierte das neue Verbot, zumal die Couch jetzt einfach vertrauter auf ihn wirkte und er es spannend fand, seinen Kratzbaum an ungewohnter Stelle vorzufinden. Ich riet Herrn H. jedoch dazu, nicht übermütig zu werden und sofort wieder alles zu entfernen, sondern die Vorkehrmaßnahmen für eine gewisse Zeit beizubehalten und erst nach und nach wieder den vorherigen Zustand herzustellen. Dazu gehörte auch, dass nicht sofort alle Decken und Tücher gleichzeitig, sondern nach und nach entfernt wurden.

Kapitel 13 | Die Eingewöhnung einer Katze

»Hilfe, ich komme in ein neues Zuhause!«

Wenn die Katze in ihr neues Zuhause geholt wird, sollte der Transportkorb zusätzlich zur waschbaren Auflage mit einem Handtuch ausgestattet sein, falls sich die Katze unterwegs vor Aufregung entleeren muss. Ist ein Beifahrer dabei, sollte dieser den Transportkorb mit der Katze auf dem Schoß halten. Ist man alleine im Auto, muss der Transportkorb auf dem Beifahrersitz mit dem Sicherheitsgurt angeschnallt werden.

Es sollte keine laute Musik im Auto geben, sondern entweder gar keine oder beruhigende, wie Klassik oder Entspannungsmusik, in einer gedämpften Lautstärke. Im Auto darf es nicht kalt, aber auch nicht zu warm sein. Mit der Katze sollte geredet werden, damit sie sich an den Klang der Stimme gewöhnt und am beruhigenden Tonfall erkennt, dass sie nichts Schlimmes erwartet.

Zu Hause angekommen, wird der Transportkorb in einem ruhigen Zimmer auf den Boden gestellt und das Türchen geöffnet. Es sollte der Katze überlassen werden, wie schnell sie herauskommen und die Wohnung erkunden möchte. Die eine kommt sofort neugierig heraus und inspiziert bereits alles, die andere bleibt erst einmal ängstlich hocken und traut sich nicht hinaus. Man kann sie dann mit sanfter Stimme oder einem Leckerchen versuchen zu locken. Das gilt auch, falls sich die Katze beispielsweise hinter dem Sofa versteckt. Sie darf auf gar keinen Fall mit Gewalt hervorgezerrt werden, sondern ihr muss dieses sichere Versteck so lange gewährt werden, bis sie sich von alleine hervortraut.

Die Katze am besten von alleine herauskommen lassen.

ALLES, WAS EINE KATZE BRAUCHT

Es ist wichtig, eine Katze auf die Stellen aufmerksam zu machen, wo ihr Futter- und Wassernapf sowie die Katzentoilette stehen. Diese sollten dann immer am gleichen Ort platziert sein, damit die Katze sich orientieren kann. Wenn die Katze es nicht von selbst tut, kann sie vorsichtig in die Katzentoilette gesetzt werden, um sicher zu gehen, dass sie diese registriert hat und weiß, wo sie zu finden ist. Instinktiv wird sie am Geruch und der Beschaffenheit der Streu den Zusammenhang erfassen.

Sollte sie in den ersten 48 Stunden die Nahrung verweigern, ist das noch mit Aufregung zu erklären. Es sollte jedoch am besten mit dem Züchter oder dem Tierarzt Rücksprache gehalten werden, um sich für diesen Fall Rat zu holen.

Um eine Katze bei der Gewöhnung an ihr neues Zuhause und den oder die neuen Menschen zu unterstützen, sollte man sich am besten ein paar freie Tage nehmen, denn es ist

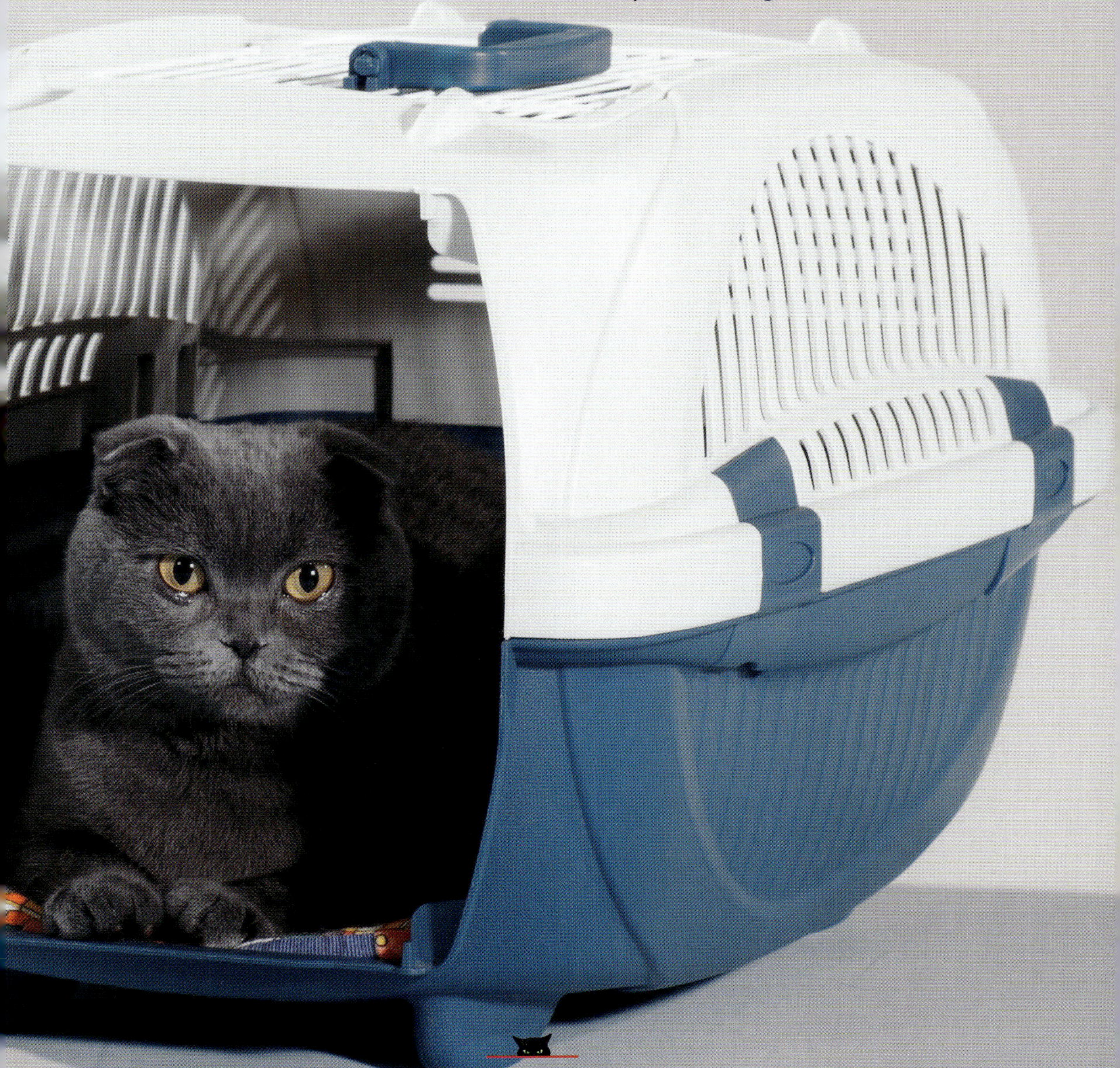

wichtig, sich gerade zu Anfang einfühlsam um die Katze kümmern. Schließlich musste sie ihr vertrautes Heim, vielleicht ihre Mutter und ihre Geschwister verlassen, und ist jetzt in einer völlig fremden Umgebung mit einem oder mehreren fremden Menschen und unbekannten Gerüchen. Darum sollte sie auch nicht mit langem Streicheln, wilden Spielen oder neugierigen Besuchern überfordert werden. Sie braucht Zeit, um sich langsam an alles zu gewöhnen und ihr neues Zuhause in Besitz zu nehmen. Das erfordert Geduld und Verständnis vom Menschen. Sie braucht ihren ungestörten Schlaf und genügend Rückzugsmöglichkeiten. Man sollte leise reden, laute Geräusche und hastige Bewegungen vermeiden und keine Hektik aufkommen lassen. In den ersten Tagen sollte die Katze nur schrittweise allein gelassen werden. Das bedeutet, dass die Dauer der Abwesenheit nur langsam erhöht wird. Auch Besucher sollten in der Anfangszeit fern bleiben, damit die Katze sich erst einmal eingewöhnen und sicher fühlen kann.

Katzen sind Individualisten und zeigen, wozu sie gerade Lust haben, ob zum Spielen, Schmusen oder Ruhen. Eine Katze zu etwas zu zwingen, was sie nicht will, löst nur Abwehr oder auch Flucht aus. Wer die Gewohnheiten und Bedürfnisse seiner Katze stets respektiert, wird ihre wachsende Zuneigung erfahren. Spielen ist auf jeden Fall eine gute Gelegenheit, um die Katze etwas abzulenken, damit sie Angst und Unsicherheit vergessen kann. Es ist zu empfehlen, sich dabei auf den Boden zu knien oder zu setzen, sodass die körperliche Überlegenheit des Menschen

Irgendwann entspannt sich der neue Mitbewohner.

Freigänger am Anfang nicht hinaus lassen.

nicht mehr so beängstigend wirkt. Auch durch sanftes Streicheln und Liebkosen kann deutlich gemacht werden, dass keine Gefahr besteht, sondern nur die besten Absichten vorhanden sind. Dadurch gewöhnt sich die Katze auch an den fremden Geruch. Das gilt natürlich nicht, wenn die Katze auf Berührungen ängstlich reagiert oder sie anfangs gar nicht zulässt.

Freilaufkatzen wird der Ausgang frühestens zwei bis vier Wochen nach ihrer Ankunft im neuen Heim gestattet. Meistens ist es günstiger, nicht nur bei scheuen Individuen, sondern auch bei Jungtieren, damit länger zu warten. Deren Orientierungssinn ist nämlich oft noch sehr beschränkt, und sie kommen leicht unter ein Auto.

Sollte es bereits eine weitere Katze oder ein anderes Haustier im neuen Zuhause geben, sind natürlich besondere Regeln zu beachten. Das beginnt bereits im Vorfeld, bevor die Katze in ihr neues Heim geholt wird. Dort sollte ihr dann Gelegenheit gegeben werden, in Ruhe alles zu erkunden, was bedeutet, dass sich das oder die anderen Tiere für diese Zeit in einem geschlossenen Raum aufhalten.

Wenn bei der direkten Zusammenführung einiges beachtet wird, wie in Kapitel 3 näher beschrieben, steht einem harmonischen Miteinander nach einer gewissen Eingewöhnungszeit nichts mehr im Wege.

In der Anfangsphase können jedoch bereits Fehler gemacht werden, die genau das Gegenteil bewirken. Darum sollte man sich am besten, abgestimmt auf die Vorgeschichte und die jeweilige Persönlichkeit der zusammenzuführenden Tiere, rechtzeitig schlaumachen, wie am besten vorzugehen ist. Dass es in den ersten Tagen zu Fauchen, Knurren und dem Ausmachen der Rangordnung kommt, ist normal. Sollte dies jedoch über einen längeren Zeitpunkt unverändert anhalten beziehungsweise es zu ernsthaften Kämpfen kommen, ist eine schrittweise und einfühlsame Gewöhnungsprozedur anzuraten. Sich bei Problemen frühzeitig fachlichen Rat holen.

Jackie + Kennedy – kein wirkliches Traumpaar

Fallbeispiel

Frau B. schickte mir eine Mail, in der sie mich um Hilfe bat. Sie hatte elf Tage zuvor zu ihrer vierjährigen Norwegischen Waldkatze Jackie noch einen kleinen Kater im Alter von etwa 13 Wochen aus dem Tierheim aufgenommen, den sie Kennedy nannte.

Die ältere Katze nahm den Neuling jedoch nicht so herzlich auf wie erhofft, sondern fauchte, brummte und schlug sogar nach ihm. Der kleine Kater versuchte jedoch immer wieder, mit ihr zu spielen und warf sich »als Zeichen seiner Unterwürfigkeit« auf den Rücken.

Ich klärte die Halterin darüber auf, dass Fauchen und Knurren nicht als aggressives Verhalten zu deuten ist, sondern Unsicherheit ausdrückt. Außerdem unterwirft sich eine Katze, die sich auf den Rücken legt, nicht wie ein Hund, sondern diese Position ermöglicht es ihr, sämtliche Waffen einzusetzen. Sie kann dann kratzen, beißen und mit den Hinterbeinen kräftig treten. Durch die Antworten, die ich auf meinen sehr ausführlich ausgearbeiteten Fragenkatalog bekam, erfuhr ich, dass Jackie eifersüchtig war. Schließlich war sie ja bisher Einzelkatze und damit der Mittelpunkt gewesen.
Sie begann, vermehrt zu fressen, denn auch bei Katzen gibt es das sogenannte »Frustfressen«, das eine Art Ersatzbefriedigung darstellt. Zudem schlief sie sehr viel, woraus sich für mich ergab, dass sie auf diese Weise versuchte, sich der Situation und dem Kontakt mit Kennedy zu entziehen. Katzen gehen damit unangenehmen Konfrontationen aus dem Weg.

Ganz wichtig war es auch hier, eine Spieltherapie anzuwenden. Auf diese Weise bekam Jackie Erfolgserlebnisse und der kleine quirlige Kennedy konnte sich dabei richtig austoben. So musste nicht die arme Jackie herhalten, der dies suspekt war, da sie es ja gar nicht gewohnt war. Kennedy musste aber viel spielen und toben, da dies in seinem Alter absolut normal ist. Es war jedoch besser, dass die Menschen größtenteils den Part des Spielpartners übernahmen, um Jackie nicht damit zu überfordern. Ich vermittelte Frau B. einige Spielanregungen, die jeweils auf die ruhigere Jackie und den aktiven Kennedy abgestimmt waren.

Jede Katze reagiert anders

Jede Katze reagiert anders auf einen neuen Artgenossen. Manchmal ist es sofort Freundschaft, aber häufig reagiert die bisherige Katze aggressiv, ängstlich, unsicher oder distanziert. Es liegt ganz allein am Naturell der jeweiligen Katze, wie sie sich genau verhält. Während die eine den Neuankömmling auf Schritt und Tritt kontrolliert und sogar angreift, zieht sich eine andere völlig zurück oder richtet die aufgestaute Aggression sogar gegen sich selbst, indem sie sich zum Beispiel wund leckt. Es ist wie bei uns Menschen. Den einen neuen Mitbewohner mögen wir, einen anderen können wir zumindest tolerieren, wieder einen anderen dagegen können wir absolut nicht leiden. Auch wir reagieren dann entweder aggressiv oder aber traurig, verwirrt, ziehen uns zurück oder aber fordern Aufmerksamkeit ein. Bei Katzen ist das ganz genauso.

Auf jeden Fall schafften wir es mit den richtigen Bach-Blüten, viel Einfühlungsvermögen und Geduld, dass Jackie sich besser mit den völlig neuen Lebensumständen arrangieren konnte.
Nach und nach konnte sie mit Kennedys Spielaufforderungen eher umgehen und ging manchmal sogar darauf ein. Es ist einfach ein Gewöhnungsprozess, der seine Zeit braucht. Allerdings ist es wichtig, rechtzeitig unterstützend einzugreifen und einer Katze zu helfen, denn sonst verhärten sich die Fronten. Die eine übernimmt das Regime, und die andere traut sich kaum noch, sich frei zu bewegen und wird depressiv oder steht ständig unter Anspannung und ängstlichem Druck.

Kapitel 14 | Urlaub / Umzug

Urlaub und Umzug

Urlaub und Umzug sind Ereignisse, die eine Katze völlig aus dem Gleichgewicht bringen können. Dadurch kommt es dann häufig zu auffälligem Verhalten, wobei gerade Unsauberkeit oder Markieren verstärkt auftreten.

Im Prinzip wäre während des Urlaubs am ehesten zu empfehlen, die Katze in ihrer gewohnten Umgebung zu lassen und dafür Sorge zu tragen, dass sich ein zuverlässiger Mensch regelmäßig um sie kümmert.

Das bedeutet, dass nicht nur einmal am Tag für fünf Minuten die Toilette gesäubert und Futter sowie frisches Wasser hingestellt werden, sondern dass zusätzlich möglichst zweimal täglich wenigstens für eine halbe Stunde mit der Katze gespielt und geschmust wird. Sie braucht Ansprache und Abwechslung, denn sie ist ja für eine sehr lange Zeit ganz auf sich alleine gestellt. Das gilt übrigens ebenso, wenn auch nicht in dem gleichen Ausmaß, für zwei oder mehrere Katzen.

Immer aufpassen, dass Katzen nicht versehentlich ...

Katzen sind letztendlich Gewohnheitstiere und darum fällt vielen ein Umzug sehr schwer. Sie trauern manchmal regelrecht der alten Wohnung, der vertrauten Umgebung, Menschen oder anderen Tieren nach. Ganz wichtig ist es, die Katze aus dem Umzugstrubel weitestgehend herauszuhalten und sie dann die neue Wohnung Schritt für Schritt erkunden zu lassen. Es hilft, wenn nicht zu viele Möbelstücke ausgetauscht wurden, es nicht zu sehr nach »Renovierung« riecht und möglichst wenige lautstarke Geräte zum Einsatz kommen.

Eine Freigängerkatze sollte in der ersten Zeit möglichst zwei bis vier Wochen im Haus bleiben, bis sie sich eingewöhnt hat.

Jede Katze reagiert anders auf Neues, Ungewohntes und Veränderungen in ihrem Leben. Darum gibt es kein Patentrezept.
Der Halter sollte seine Katze so gut wie möglich kennen, einschätzen können und es ihr dann auf einfühlsame Weise so leicht wie möglich machen. Die Katze braucht Zeit und die Wiederaufnahme ihrer gewohnten Rituale.

... mit eingepackt werden.

Kater Carlo –

Mit einem Freigänger umziehen? Unmöglich – oder?

Fallbeispiel

Ich bekam einen Anruf von einer aufgelösten Katzenhalterin, die ganz verzweifelt war und mich als ihre letzte Hoffnung bezeichnete. Dann folgte eine dramatische Geschichte. Frau H. musste umziehen, und zwar von einem Häuschen im Grünen in eine Stadtwohnung. Ihren Kater Carlo und ihre schon achtzehnjährige Katze nahm sie natürlich mit, obwohl sie bereits Bedenken hatte, da Carlo ein Freigänger war. Er bestand auf seinen ausgedehnten Streifzügen durch die Natur, schlief aber nachts bei ihr im kuscheligen Bett und genoss es, stundenlang auf ihrem Schoß zu liegen und zu schmusen. Der Umzug war für ihn verständlicherweise eine ziemlich große Umstellung und Belastung, und er verkroch sich die meiste Zeit unter dem Bett oder in einem Schrank. Er war verstört, reagierte auf alle Geräusche sehr ängstlich, und es kam, wie es kommen musste. Carlo gab seiner großen Irritation Ausdruck, indem er begann, in die Wohnung zu urinieren und sich auch von seiner Halterin zurückzuziehen. Die war damit völlig überfordert und wusste nicht mehr weiter.

Nicht auf falsche Ratschläge hören

Frau H. bat ihren Tierarzt um Hilfe, und der hatte natürlich nichts Besseres zu tun, als lautstark und absolut pauschalisierend zu verkünden, dass man mit einem Freigänger nicht umziehen könnte. Sie müsste ihren Kater auf jeden Fall wieder dorthin zurückbringen, wo sie vorher gewohnt hatte. Mit dieser Aussage machte er zwei Lebewesen sehr unglücklich und bereitete ihnen unnötige Probleme, ohne zuvor die Beziehung der beiden genau zu hinterfragen. Ich möchte an dieser Stelle ausdrücklich betonen, dass ich Tierärzte sehr zu schätzen weiß und ihre Fähigkeiten bewundere.

Ich kooperiere auch liebend gerne mit ihnen, denn in den meisten Fällen ist es sogar wichtig, dass ein Tierarzt im Vorfeld bei einer Verhaltensauffälligkeit gesundheitliche Ursachen ausschließen kann. Tierärzte retten Leben, mildern Leiden und sind Helfer in der Not.

Bedauerlich finde ich es jedoch, wenn Tierärzte, die keine Zusatzausbildung in Tierpsychologie haben, abstruse, falsche, veraltete oder haltlose

Empfehlungen aussprechen oder pauschalisierendes Halbwissen von sich geben. Ich habe da schon die abenteuerlichsten Dinge erfahren, die mich immer wieder fassungslos machen, da es doch Menschen sind, die ihre Berufung zum Beruf gemacht haben, Tiere lieben und sich in sie einfühlen können müssten.
Wie bei jedem Berufszweig gibt es natürlich solche und solche, was schon beim Umgang mit Tier und Halter anfängt – wie ich aus eigener Erfahrung weiß.
Vielleicht sind wir Tierpsychologen besonders feinfühlig und etwas empfindlich, aber meine Katzen verdienen einfach eine liebevolle und rücksichtsvolle Behandlung – und ich auch. Es gibt allerdings auch Tierärzte, die Katzenhaltern empfehlen, in bestimmten Fällen lieber Rat bei einem Tierpsychologen zu suchen, da sie ihn als Ergänzung und nicht als Konkurrenz ansehen. Genauso sollte es auf beiden Seiten sein.

Ich teilte der Frau also mit, dass man das so pauschal nicht sagen könne, zumal sie berichtet hatte, dass die äußeren Umstände eigentlich dagegen sprächen, den Kater wieder zurückzubringen.

Noch waren die Hauskäufer nicht eingezogen, die sich strikt geweigert hatten, den Kater bei sich aufzunehmen. Es blieb ihm lediglich der Zugang zu einem relativ offenen Keller, in dem er zu der winterlichen Jahreszeit, die gerade herrschte, kaum Schutz vor Kälte und Nässe fand. Gerade wollte ich ihr vermitteln, was man tun könnte, um den Kater an die Wohnung zu gewöhnen, als sie sagte, dass sie ihn aufgrund der Aussage vom Tierarzt sofort wieder zurückgebracht hatte, aber jetzt größte Zweifel wegen dieser Entscheidung hegte. Ich musste schlucken, denn damit hatte ich nicht gerechnet. Ich hatte gehofft, sofort helfen zu können.

Es ist immer einen Versuch wert

Als sie Carlo in seiner früheren Heimat aus dem Transportkorb ließ, lief er los, drehte sich zu ihr um, gab einen lang gezogenen Klagelaut von sich und rannte weg. Das ließ ihr keine Ruhe, und sie besuchte ihren Kater einige Male, um sich davon zu überzeugen, dass es ihm wirklich besser dort ginge. Dies war jedoch nicht der Fall, sondern aus dem anschmiegsamen Carlo war ein scheuer, verstörter Kater geworden, der ängstlich weglief, wenn sie sich ihm näherte. Auf meine Nachfrage erfuhr ich, dass Carlo früher bei kühlem, nassem Wetter oft nur kurze Inspektionsrunden durch den Garten gemacht und dann lieber wieder ins kuschelig warme Haus gekommen war. Für mich war er eindeutig in diesem Sinne kein »echter« Freigänger. Natürlich hätte man sein Verhalten auch so interpretieren können, dass er weglief, damit die Frau ihn nur nicht wieder einfing und mitnahm, aber intuitiv hatte ich nicht das Gefühl, dass er sich wohlfühlte und glücklich war. Zudem würde ihm seine letzte Zuflucht im Keller in nächster Zeit auch noch genommen werden. Nach Auswertung des ausführlichen Fragenkatalogs hatte ich einfach das Bauchgefühl, dass Carlo gerne bei der ihm vertrauten Halterin geblieben wäre, sodass es zumindest einen erneuten Versuch wert war. Eine Garantie gab es natürlich wie immer nicht, aber solange es Hoffnung gibt, sollte man alles versuchen.
Da Carlo sich nicht einfangen ließ, mussten wir es mit einem Käfig versuchen. Ich bat die Klientin, nicht wie sie es vorhatte, den Förster um einen solchen zu bitten, sondern besser den Tierschutz oder Katzenschutzbund. Jäger knallen leider pro Jahr über 300.000 (!) Katzen ab. Für mich ist das reine Jagdlust. Natürlich gibt es auch andere Jäger, aber hier wollte ich kein Risiko eingehen.

Sie sollte in dem Käfig Futter mit einer von mir speziell für Carlo empfohlenen Bach-Blütenmischung deponieren und sich in der Nähe aufhalten, damit der Kater nicht zu lange in diesem vorübergehenden Gefängnis bleiben musste.

Während der Fahrt sollte sie beruhigend und liebevoll mit ihm sprechen und ihn anfangs nur in ein Zimmer im neuen Zuhause lassen, in dem alles, was er brauchte, vorhanden war: Futter, Wasser, Katzentoilette, Rückzugsplätze, eine weiche Unterlage auf der leeren Fensterbank mit einem Kratzbaum davor und Spielzeug. Sie sollte ihn dort regelmäßig besuchen und leise mit ihm reden, aber abwarten, bis er von sich aus Kontakt aufnahm und ihn keinesfalls bedrängen. Die Bach-Blütenmischung sollte er weiterhin bekommen.

Ich gab ihr noch mit auf den Weg, dass ihre Einstellung und ihr Verhalten besonders wichtig wären. Sie musste fest daran glauben, dass es funktionierte, auf die Stimme ihres Herzens hören und voller Vertrauen sein. Carlo würde diese Emotionen spüren, andernfalls aber natürlich auch ihre Angst und Unsicherheit, und es würde sich auf ihn übertragen. Sie sollte rücksichtsvoll und einfühlsam sein, aber nicht übervorsichtig, sondern locker, als wäre alles ganz normal und selbstverständlich. Ich drückte ihr ganz fest die Daumen und hoffte auf Unterstützung von oben.

Ihr nächster Anruf begann mit den Worten: »Sie sind eine Zauberin.« Ich verwies jedoch darauf, dass da andere Kräfte am Werk waren als meine eigenen bescheidenen. Es hatte alles so optimal geklappt, wie niemand von uns beiden es zu hoffen gewagt hatte. Carlo war in den Käfig gegangen und hatte die Fahrt anstandslos ertragen. In dem Zimmer seines neuen Zuhauses verkroch er sich zwar zuerst, aber schon beim nächsten Besuch seiner Halterin kam er freiwillig zu ihr, schmiegte sich an sie und begann zu schnurren. Sie konnte ihr Glück kaum fassen.

Trotzdem war sie vorsichtig und ließ es langsam angehen. Carlo verbrachte die erste Zeit in dem einen Zimmer, bis er nach und nach die ganze Wohnung inspizierte und auch wieder Kontakt zur älteren Katze aufnahm. Es war eine gelungene Wiedervereinigung. Mir ging richtig das Herz auf. Er war auch nicht mehr unsauber, denn dazu hatte er keinen Grund mehr. Er hatte ja nicht markiert, weil er darunter litt, nicht hinaus zu dürfen, sondern weil ihm alles so fremd war, was ihn verunsicherte.

Dieser Fall ist ein gutes Beispiel dafür, wie wichtig es ist, nicht immer einfach nur nach Lehrbuch und Verstand zu handeln. Bauchgefühl und Intuition spielen in der Tierpsychologie eine große Rolle. Manchmal weiß ich vom Kopf her gar nicht so recht, wie ich einen geschilderten Fall einschätzen soll. Doch sobald ich mich in ihn einfühle, alle erhaltenen Informationen auf mich wirken lasse und erkenne, welche mir noch fehlen, ergibt alles einen Sinn. Spätestens wenn ich die ausstehenden Antworten durch den Fragenkatalog erhalten habe, ist alles klar.

Dieser Fall zeigt auch, dass alles möglich ist, und wir niemals aufgeben sollten, bevor wir nicht wirklich alles versucht haben, einem Tier die notwendige Unterstützung zu geben.

Mona - Lisa und

Fallbeispiel

Frau A. nahm Kontakt mit mir auf, denn sie war besorgt wegen ihrer Katzen. Sie beabsichtigte, mit ihnen zu ihrem Lebensgefährten zu ziehen, der selbst zwei Kater hatte. Sie war beunruhigt, ob die Katzen sich vertragen würden, zumal ihre Katze Mona bereits zwölf Jahre alt und ziemlich schüchtern war. Lisa dagegen war ziemlich unkompliziert und aufgeschlossen. Ähnlich verhielt es sich mit den Katern ihres Lebensgefährten. Kater Peter

Peter - Paul

war freundlich und gesellig, während Paul häufig nervös und unruhig wirkte. Zuerst einmal lobte ich sie dafür, dass sie sich bereits im Vorfeld Gedanken machte und es nicht einfach darauf ankommen ließ.

Zunächst war es wichtig für mich, dass sie mit ihren Katzen in das Revier der Kater ziehen würde. Neutraler wäre es natürlich, wenn es eine komplett neue Wohnung für alle gewesen wäre. Andererseits wären dann auf alle vier Katzen sehr viele neue Eindrücke eingestürmt: eine neue fremde Umgebung, ein neuer Mensch, der plötzlich ständig da ist und zudem noch zwei fremde Katzen.
Darum war es so letztendlich doch besser. Zudem bescherte es uns einen weiteren großen Vorteil. Wir konnten den Ernstfall bereits einmal antesten. Ich empfahl Frau A., einmal das Wochenende zusammen mit ihren Katzen bei ihrem Lebensgefährten zu verbringen. In dieser Zeit sollte sie sich nichts anderes vornehmen, sondern wirklich alle Katzen genau beobachten, wie sie aufeinander reagieren.
Es ist ja immer alles möglich: Von Friede, Freude, Eierkuchen bis hin zu Krieg, von einer extrem ängstlichen Katze, die leidet, oder einer, die sehr dominant ist und eine andere einschüchtert. Ich war der Meinung, wir sollten dieses Experiment wagen, zumal Frau A. im Notfall ja eingreifen konnte. Zudem sollte sie ihren Katzen unbedingt durch ihre Anwesenheit und das Beibehalten bestimmter Rituale vermitteln, dass sie unverändert für sie da und alles in Ordnung wäre.

Ich möchte an dieser Stelle unbedingt erwähnen, dass man so etwas keinesfalls willkürlich durchführen darf. Als ich einmal in einem bekannten Tiermagazin im Fernsehen sah, wie publiziert wurde, einfach mal mit dem eigenen Kater in die Wohnung des Nachbarskaters zu gehen, um herauszufinden, ob man sich eine weitere Katze anschaffen könnte, standen mir die Haare zu Berge.
So viel Unvernunft und Unkenntnis darf doch nicht noch verbreitet werden. Das war absolut falsch, denn wie der Kater sich mit dem Nachbarskater verstand, sagte noch lange nichts darüber aus, wie er mit einer fremden Katze zurechtkommen würde. Eine Katze reagiert auf jede andere Katze ganz unterschiedlich. Zudem ist es noch ein großer Unterschied, ob eine Katze in ein fremdes Revier kommt oder aber eine andere in ihr eigenes. Dieses Experiment hatte also überhaupt keine Aussagekraft und war zudem sehr kontraproduktiv.

Wie ich es erwartet hatte, verstanden sich die beiden Kater überhaupt nicht, was dazu führen konnte, dass der Kater, der eine Artgenossin bekommen sollte, sofort an dieses unangenehme Erlebnis erinnert wurde, wenn diese in sein Heim kam. Ein neutrales Verhalten war also nicht mehr zu erwarten.

Der Test und das Endergebnis

In unserem Fall hatte es ja einen ganz anderen Hintergrund und war die Vorwegnahme der zukünftigen Lebensumstände. Ich war gespannt auf den Erlebnisbericht von Frau A., der dann auch folgte. Peter war sehr interessiert an den Neuankömmlingen, aber ohne sie wirklich zu belästigen. Paul dagegen saß die meiste Zeit auf dem Schrank und beobachtete den unerwarteten Familienzuwachs.
Lisa ging völlig relaxed mit der neuen Situation um und nahm Kontakt zu Peter auf. Mona hatte dagegen, wie bereits erwartet, die größten Schwierigkeiten. Sie verkroch sich häufig hinter der Couch, wo dann sogar Urin gefunden wurde. Peter nutzte ihre Angst irgendwann sogar etwas aus, und baute sich öfter demonstrativ machomäßig vor ihrem Versteck auf, sodass sie zu knurren begann. Leider passierte dann auch prompt, was nicht passieren sollte: Als Mona sich einmal tatsächlich aus ihrem Versteck heraustraute, jagte Peter sie. Schade, denn so

bekam Mona die Bestätigung, dass ihre Angst berechtigt war. Leider ist es bei Katzen so, dass die Katze, die sich in die Opferrolle begibt, ein entsprechendes Verhalten regelrecht herausfordert. Lisa gegenüber war Peter ganz anders, denn sie war gar nicht besonders beeindruckt von ihm, sondern ging locker mit ihm um.
Da Mona jedoch ihre Angst und Unsicherheit sehr deutlich zeigte, nutzte Peter das aus, um sie noch mehr einzuschüchtern. Manchmal scheint es so, als würde es dem überlegenen Tier regelrecht »Spaß« machen.

Die richtigen Bach-Blüten sorgten dann dafür, dass Monas Selbstsicherheit gestärkt wurde, um souveräner auf Peter zu reagieren. Dieser bekam Blüten, die ihn in seinem dominanten und einschüchternden Verhalten etwas bremsten und bewirkten, dass er ausgeglichener und etwas rücksichtsvoller wurde. Nachdem alle dann tatsächlich zusammengezogen waren, dauerte es nicht mehr lange, bis ein gutes Zusammenleben möglich war. Zwar ging Mona Peter eher aus dem Weg, verkroch sich aber nicht mehr ängstlich. Peter ließ sie in Ruhe und hielt sich eher an Lisa. Paul hatte sich mit den Eindringlingen abgefunden und machte sein eigenes Ding, ohne sie besonders zu beachten.

Es war also zwar kein herzliches Miteinander, aber doch ein tolerantes Nebeneinander, mit dem alle Katzen ihrem Naturell gemäß, gut leben konnten. Das waren gute Voraussetzungen für ein gemeinsames Zusammenleben.

Bach-Blüten sind bei einer ganzheitlichen Therapie sehr hilfreich.

Kapitel 15 | Ein besonderer Fall

Fallbeispiel

Frau A. rief mich an und berichtete, dass ihr Kater sich nicht mehr anfassen lasse, sondern dann richtig panisch kreische. Früher war er eher dominant und selbstbewusst, jetzt hätte er jedoch Angst vor ihrem Freund und dessen Sohn, die zu ihr gezogen waren. Er verkrieche sich sehr häufig, und ihr Freund habe den Kater letztens sogar mit Gewalt hinter dem Ofen hervorgezogen. Daraufhin verkroch dieser sich sofort hinter der Heizung und kotete und urinierte dort. Er sei immer wieder unsauber. Auch bei fremden Besuchern reagiere er immer ängstlich und würde sich verkriechen.

Bei mir gingen sofort sämtliche Alarmglocken an. Ich sagte, dass es absolut nicht in Ordnung war, dass ihr Freund den ängstlichen Kater mit Gewalt hervorzog, sodass dieser vor lauter Panik sogar unter sich machte. Sie hätte das ja auch nicht gut gefunden und es ihm gesagt, aber ... Ich hakte weiter nach, und prompt kam: »Mein Freund ärgert den Kater halt gerne.« Hallo? Ein erwachsener Mann, der ein ängstliches Tier »ärgert« begeht für mich Tierquälerei. Sie dagegen hatte eine sehr zarte Stimme und wirkte insgesamt eher unsicher. Sie konnte sich gegen ihren Freund einfach nicht durchsetzen.

Sich für die Interessen seiner Tiere einsetzen

Natürlich ist es eine Typfrage, aber ich werde doch zur Löwenmutter, wenn es um meine Tiere geht, oder? Ich machte ihr eindringlich deutlich, dass sie ganz klare Regeln aufstellen musste. Er sollte den Kater unbedingt in der nächsten Zeit völlig in Ruhe lassen und ignorieren.

Hinzu kam, dass die Frau ganztägig berufstätig war, während der Mann im Schichtdienst arbeitete, und somit häufig mit dem Kater alleine war. Ganz nebenbei erfuhr ich plötzlich, dass es sogar noch eine zweite weibliche Katze gab. Als ich im Fragenkatalog gezielt nach ihr fragte, kam: »Mit ihr ist alles in Ordnung. Sie macht nichts, sondern lässt sich alles gefallen.« Wie bitte? Was muss sie sich denn wohl alles gefallen lassen? Nur, weil eine Katze resigniert hat und still leidet, heißt das keinesfalls, dass sie keinen Stress hat. Sie traut sich einfach nur nicht, ihren eigenen Willen kundzutun und sich zur Wehr zu setzen.

Vor allem kam bei der Beantwortung des Fragenkatalogs ganz unvermittelt ein schrecklicher Vorfall zur Sprache, bei dem der Kater total nass war, als die Frau von einer Motorradtour nach Hause kam. »So, als hätte man ihn gebadet.«

Von da an hätte er sich verändert. Was hat man diesem Tier nur angetan?

Sie beschrieb schlimme Situationen, wie der Kater in seinem Körbchen oder in seiner Kratzbaumhöhle oder aber hinter der Heizung öfter in seinem eigenen Kot und Urin lag.

Ihr Lebensgefährte und der Sohn behaupteten, der Kater habe dort den ganzen Tag gelegen und sei nicht herausgekommen. Warum wohl? Das arme Tier traute sich nicht einmal mehr zur Toilette, wenn er alleine mit den beiden Männern war. Ich war total geschockt und fürchterlich wütend.
Einerseits wünschte ich mir inständig, der Kater würde seine Waffen einsetzen und sich wehren, andererseits hatte ich Angst vor dem, was dann mit ihm geschehen würde.

Weiterhin stellte sich heraus, dass der Mann es einfach nicht schaffte, den Kater in Ruhe zu lassen, obwohl die Frau meinen Appell weitergeleitet hatte.
Die Bitten der Frau blieben ungehört. Ich machte der Dame im Therapieplan erneut deutlich klar, dass sie sich gefälligst energisch durchsetzen und für ihre Tiere einsetzen müsse. Sie müsste dafür sorgen, dass die beiden Männer die Katzen ab sofort in Ruhe ließen und für ihren Frust oder ihre Lust »zu ärgern« gefälligst eine geeignetere Strategie suchen sollten, um diese loszuwerden.

Ich schrieb, dass ich aufgrund einiger ihrer Ausführungen Gänsehaut bekommen hätte und bereits bei unserem Telefonat ein merkwürdiges Gefühl hatte.

Leider waren mir die Hände gebunden

Am liebsten hätte ich den Tierschutz eingeschaltet, aber aufgrund der Entfernung sowie der Berichte, die ich immer wieder bekommen hatte, hätte das leider zu nichts geführt. Das Schlimme war, dass die Frau sich angegriffen fühlte und gar nicht verstand, was ich meinte. Sie würde ihre Katzen lieben und alles für sie tun.

Das glaubte ich ihr, aber sie müsste auch alles für sie tun, indem sie sich für ihre Interessen einsetzte und dafür sorgte, dass die Männer sie definitiv in Ruhe ließen.
Stattdessen schrieb sie mir jedoch, dass ihr Freund berichtet hätte, er habe mit dem Kater gespielt.

Zuerst hätte sie sich zwar gefragt, ob er ihr wieder nicht zugehört hätte, aber dann fand sie es ganz gut, dass er so Vertrauen aufbaue. Sie begriff es einfach nicht. So ein Mensch bezeichnet etwas als Spielen, was alles andere ist, nur nicht das. Ihm fehlen Einfühlungsvermögen, Verantwortungsbewusstsein und aufrichtige Zuneigung zum Tier.

Wie kann er sich ständig über die Bitte der Frau hinwegsetzen und es nicht schaffen, den Kater einmal unbehelligt zu lassen? Obwohl die Frau mir Leid tat, die Katzen taten mir noch mehr Leid. Darum gehe ich jetzt noch weiter: Wie kann man so einen Menschen lieben und mit ihm zusammenleben?

Wie kann ich nicht erkennen, wie es wirklich ist, und nicht alles dafür tun, dass meine Tiere sicher sind? Wie kann man nur so blind sein? Dieser Fall belastet mich heute noch, und ich darf gar nicht weiter darüber nachdenken.

Kapitel 16 | Fälle, die keine wurden

In den hier beschriebenen Fällen ist es leider, wohl aus Kostengründen nicht zu einer Therapie gekommen, was sehr schade für die beteiligten Katzen war, die alle dringend Hilfe gebraucht hätten.

Eine Züchterin rief mich an und klagte, dass ihre Zuchtkatze, eine Britisch Kurzhaar, sich nach der Rückkehr von einem fremden Deckkater, gegenüber ihren anderen Katzen aggressiv verhielt, obwohl sie sich vorher immer gut verstanden hätten. Ich musste mal wieder darüber aufklären, dass ihr fauchendes Verhalten Unsicherheit ausdrückte und nichts mit Aggressivität zu tun habe. Dann machte ich der Frau einmal ganz unverblümt klar, was sie ihrer Katze zugemutet hatte. Sie war weg von zu Hause in einer fremden Wohnung, in der von Menschen bis zu Katzen und Gerüchen alles fremd war. Dort wurde sie mit einem fremden Kater in ein Zimmer gesperrt, der ständig versuchte, sie zu vergewaltigen. Wie würde sie selbst sich in so einer Situation fühlen? Für mich war absolut nachvollziehbar, dass die Ärmste ein Trauma erlitten hatte und so verunsichert war, dass sie sogar ihre frühere Katzengruppe vorsichtshalber auf Abstand halten wollte, aus Angst, dass ihr sonst wieder etwas angetan würde, was sie nicht wollte. Zumindest war die Züchterin scheinbar so einsichtig, dass sie diese Katze nicht mehr für die Zucht einsetzen wollte, zumal sie gar nicht aufgenommen hatte und nicht trächtig geworden war. Eine Therapie bekam sie jedoch nicht, und was aus ihr wurde, bleibt dahingestellt.

Eine andere Züchterin beklagte sich darüber, dass ihr Zuchtkater »zu blöd« sei, ihre eigenen Kätzinnen zu decken. Bei fremden Katzen funktioniere es, aber bei den eigenen würde er zwar aufreiten, aber wenn sie ihn dann anfeuere, würde er immer wieder absteigen. Sie würde schon alles Mögliche machen, ihn ermuntern und auffordern, sogar mit der Hand nachhelfen und ihn festhalten, aber all das nutze nichts.

Es ist doch wohl mehr als einleuchtend, dass all das genau das Gegenteil bewirkt. Auch Tiere haben eine Intimsphäre und wollen beim Akt weder angespornt werden, noch dass jemand an ihnen herummanipuliert. Wie kann man nur so wenig einfühlsam sein?

Ein Fall, der keiner wurde, macht mich regelrecht wütend, denn letztendlich war wieder einmal eine unschuldige Katze die Leidtragende. Eine Frau rief mich völlig aufgelöst an und berichtete, dass ihre Katze gerade ihr einjähriges Tageskind »angepinkelt« hätte und sie mit ihren Nerven am Ende wäre.

Auch ich musste zuerst einmal schlucken, bis ich erfuhr, dass die Frau zwei eigene kleine Kinder und drei Tageskinder hatte, womit die Katze verständlicherweise wohl schon seit längerem überfordert war. Sie hatte auch schon ins Bett ihres Sohnes gemacht sowie die Frau selbst markiert und in ihren Schrank uriniert, in den sie sich immer zurückzog. Es war mehr als eindeutig, dass die Katze total verunsichert war und alles versuchte, um sowohl ihren eigenen Geruch als auch den vertrauten Gruppengeruch ihrer Familie an Stellen zu erzeugen, die für sie wichtig waren. Natürlich war es nicht schön, dass sie jetzt das auf dem Boden sitzende kleine Mädchen mit Urin bespritzt hatte, aber sie wollte sich damit selbst nur ein etwas sicheres Gefühl verschaffen.

Die Frau weinte und schimpfte, dass sich weder Tierarzt noch Tierheilpraktiker für dieses Problem zuständig fühlten. Ich tröstete sie, dass sie ja jetzt die richtige Ansprechpartnerin gefunden hätte. Sie verlangte jedoch, dass ich das Problem, das wie sie zugab, schon länger existierte, aber immer extremer

wurde, sofort lösen und ihr sagen sollte, was sie machen könnte. Als ich ihr erklärte, dass ich dazu zunächst eine genaue Analyse durchführen müsste, um herauszufinden, wo und in welcher Form ich bei ihrer Katze am besten ansetzte, meinte sie trotzig, dass die Katze dann eben ins Tierheim käme. Sie versuchte praktisch, mich zu erpressen.

Ich blieb ruhig und meinte, dass es ihre Entscheidung wäre, ob sie das täte oder aber doch lieber zuvor alles versuchen wollte, um der Katze zu helfen, dieses Verhalten nicht mehr zu brauchen. Sie meinte, sie wollte sich zuerst wieder etwas beruhigen und würde sich wieder melden, was sie jedoch nicht tat.

Was mag nur aus der armen Katze geworden sein? Ich kann es nicht verstehen, warum manche Menschen so lange warten, bis ihre Toleranzgrenze völlig überschritten ist und dann von einer Minute auf die andere einen überstürzten Handlungsbedarf haben. Warum sucht man nicht direkt zu Beginn professionelle Hilfe, sondern wartet so lange, bis die eigene Schmerzgrenze erreicht oder sogar überschritten ist? Hinzu kommt, dass ein Verhalten, dass sich über einen längeren Zeitraum erstreckt, sich regelrecht verselbstständigen und zu einer Gewohnheit werden kann. Außerdem dauert es dann öfter etwas länger, bis der Therapieerfolg eintritt. Gründe, um sich rechtzeitig Hilfe suchen.

Als Katzenpsychologin sollte man Katzenhalter in sämtlichen Belangen beraten können. Ich werde nicht nur bei Verhaltensauffälligkeiten einer Katze um Hilfe gefragt, sondern auch einfach um eine Beratung gebeten, wenn ein Halter nicht weiter weiß oder unsicher ist.
Dabei kann es sich um ganz verschiedene Thematiken handeln. Ich versuche dann als Übersetzerin zu fungieren, um dem Halter das ihm unverständliche Verhalten seiner Samtpfote zu erklären. Nachfolgend einige Beispiele:

Mausi

Wir wollen nach langer Zeit mal endlich wieder in den Urlaub fahren? Was mache ich am besten in dieser Zeit mit meiner Katze Mausi?
Mitnehmen können wir sie nicht. Ich weiss nicht, ob ich sie zu Hause lassen oder in eine Tierpension geben soll. Was würden Sie mir empfehlen?

Am besten ist es immer für eine Katze, wenn sie in ihrer gewohnten Umgebung bleiben darf. Die Trennung von ihren Menschen ist schon schwer genug für sie. Wenn sie jetzt auch noch ihr Zuhause verliert, belastet sie dies zusätzlich. Wichtig ist jedoch, dass sich eine zuverlässige Person regelmäßig um sie kümmert, die sie im Idealfall bereits kennt und mag. Wichtig ist, dass diese die Katze nicht einfach nur füttert, ihr frisches Wasser gibt und die Katzentoilette reinigt, son-

dern sich zweimal täglich auch ausgiebig mit ihr beschäftigt.
Dazu gehören, vor allem bei Wohnungskatzen, interaktives Spielen und, falls die Katze es mag, Streicheleinheiten sowie Ansprache. Es kann auch hilfreich für das Tier sein, wenn Sie ein getragenes Kleidungsstück zurücklassen, sodass der vertraute Geruch die Trennung etwas erleichtert.

Sollten Sie keine dafür geeignete Person kennen, gibt es Tiersitter, die entweder für eine Organisation oder aber selbstständig in diesem Bereich tätig und erfahren sind. Schauen Sie sich die Person vorher an und prüfen Sie, ob sowohl Sie als auch Mausi diese als sympathisch und vertrauenswürdig empfinden. Es gibt zwar auch gute Tierpensionen, aber ich habe schon häufiger Katzen nach einem Aufenthalt dort therapieren müssen. Das muss zwar nicht immer nur an der Pension liegen, aber manchmal erfuhr ich doch Beunruhigendes. Darum sollten Sie sich dort im Vorfeld genauestens umschauen und sich einen konkreten Eindruck von den zuständigen Menschen machen.

Für viele Katzen ist es trotzdem eine Belastung. Sie sind einer fremden Umgebung, fremden Gerüchen, fremden Menschen, fremden Tieren – entweder direkt, visuell oder geruchlich – ausgesetzt. Viele haben sicherlich auch die Angst, nie mehr abgeholt zu werden. Wenn Sie keine andere Möglichkeit haben, sollten Sie für Ihre Katze ein Optimum aussuchen – auch, wenn das bedeutet, dass diese Pension weiter weg ist.

Außerdem kann ich nur empfehlen, Mausi zuvor gedanklich Bilder zu übermitteln: Wo Sie hinfahren, wie es dort aussieht und was Sie dort tun, was die Katze in dieser Zeit macht und dass sie sich wohlfühlen soll. Dann stellen Sie sich ganz intensiv vor, wie Sie wieder voller Freude zurückkehren und mit Ihrer Katze in Ihrem gemeinsamen Zuhause vereint sind. Eine solche echte Kommunikation mit Ihrer Samtpfote kostet Sie nur ein bisschen Konzentration und Zeit, Ihrer Katze Mausi kann es diese schwere Zeit jedoch erleichtern und erträglicher machen. Sie weiß dann, dass es nur eine vorübergehende Trennung ist und Sie wieder zurückkommen.

James

Ich habe einen 7 Monate alten Kater namens James. Jetzt überlege ich, ob ich ihn demnächst kastrieren lassen soll oder lieber nicht. Ich bin mir da einfach unsicher. Was würden Sie mir raten?

Meiner Meinung nach sollten Sie Ihren Kater auf jeden Fall kastrieren lassen. Zunächst einmal ist es für Sie vorteilhafter, da er ansonsten beginnen kann, in der Wohnung überall zu markieren, was für den Menschen sehr belastend und unangenehm ist. Abgesehen davon riecht Katerurin äußerst extrem, sodass es kein Vergnügen ist, mit diesem Geruch zu leben. Da Sie ja wohl nicht mit Ihrem Kater züchten möchten, sollten Sie ihn auf jeden Fall »erlösen«.

Ein Tier, dessen Hormone es extrem unter Druck setzen, das seinen Trieb aber niemals ausleben darf, leidet. Der Kater jammert, will verzweifelt hinaus, hat den Drang, sich zu vermehren, aber es wird ihm ununterbrochen verweigert. Sie tun ihm also einen Gefallen, wenn Sie ihn von diesem Stress befreien. Sollte James auch Freigang haben, ist dies ein weiterer entscheidender Grund für eine Kastration.
Ansonsten würde er nämlich draußen unkastrierte Kätzinnen schwängern, was zu vielen weiteren (unerwünschten) Kitten führen würde, deren Schicksal fragwürdig wäre. Ganz abgesehen davon sind potente Kater häufig in Kämpfe verstrickt, was zu Ärger mit den Nachbarn führen kann.

Hinzu kommt, dass der Eingriff bei einem Kater, bis auf die Narkose, die immer eine Belastung für den Organismus darstellt, relativ einfach ist. Ihm werden durch einen kleinen Schnitt die beiden Hoden entfernt. Die Wunde muss nicht einmal genäht werden, sondern heilt in wenigen Tagen von selbst zu. In den ersten Tagen sollten Sie ihn nur nicht hinaus und nicht springen lassen. Komplizierter ist es, wenn ein Hoden nicht in den Hodensack aufgestiegen ist, sondern aus der Bauchhöhle entfernt werden muss. Dies ist jedoch absolut unerlässlich, da er dort ansonsten weiterhin Hormone produzieren, aber auch Schaden anrichten kann. In Ihrem Sinne, im Sinne von James sowie einer ungewollten Vermehrung spricht also alles für eine Kastration. Handeln Sie rechtzeitig.

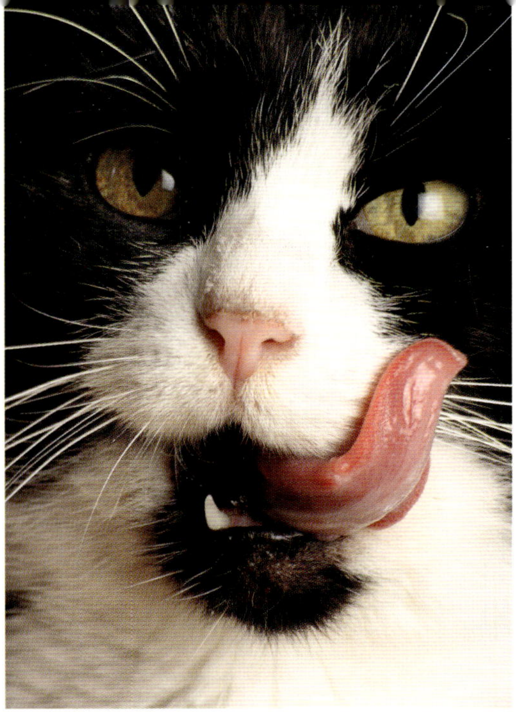

Miss Piggy

MEINE KATZE MISS PIGGY FRISST MEINEM KATER KERMIT IMMER DAS FEUCHTFUTTER WEG, SOBALD SIE MIT IHREM FERTIG IST. WAS KANN ICH DAGEGEN TUN?

Aus Katzensicht ist das absolut verständlich. Aus menschlicher Sicht tut uns der Kater leid und wir bedauern ihn. Die Frage ist jedoch, wie Kermit darauf reagiert. Ist es ihm egal, und er geht einfach weg, weil es ihm eh reicht? Lässt er sich verscheuchen, weil Miss Piggy dominanter ist und er sich nicht traut, sich zur Wehr zu setzen? Macht er den Eindruck, als leide er unter dieser Situation oder geht er völlig gelassen damit um? Gibt es ausreichend Trockenfutter zur freien Verfügung?

Da Miss Piggy ihm nicht zwischendurch despotisch das Futter wegfrisst, sondern erst, wenn sie keines mehr hat, könnten Sie ihre Portion vielleicht etwas (!) erhöhen. Sie könnten ihr Futter auch auf zwei Schälchen verteilen, die nicht direkt nebeneinanderstehen, sodass sie mehr beschäftigt ist. Sie könnten sich auch jedes Mal bei der Fütterung danebenstellen und Miss Piggy mit einem lauten strengen NEIN an ihrem Vorhaben hindern. Am besten benutzen Sie als zusätzliches Signal den erhobenen Zeigefinger, sobald die Katze Sie anschaut.
Später reicht dann meistens nur diese Geste aus, um ihre Absicht zu unterbinden. Dabei müssen Sie jedoch absolut konsequent sein, und die Katze darf nicht ein einziges Mal Erfolg haben. Da es sich hierbei um eine Konditionierung handelt, also einen Lernprozess, benötigen Sie Geduld, denn die Katze gibt ein Verhalten, mit dem sie bisher Erfolg hatte, nicht von heute auf morgen auf.

Die einfachste Lösung ist natürlich, die beiden Katzen getrennt zu füttern. Notfalls muss sogar eine der beiden hinter geschlossener Türe fressen. Danach muss diese natürlich sofort wieder geöffnet werden, damit das Revier wieder frei begehbar ist. Sie sehen, es gibt verschiedene Möglichkeiten. Man sollte abwägen, welche am einfachsten durchführbar ist, beziehungsweise inwieweit ein größerer Aufwand sich lohnt, um die Katze von einem unerwünschten Verhalten abzubringen.
Futterneid gibt es auch bei Katzen. Manchmal spielt die Vorgeschichte eines Tieres eine Rolle, wenn es beispielsweise eine Zeit gab, in der es nicht genügend Nahrung bekam.

Miranda

Wir haben eine fünfjährige Katze namens Miranda. Jetzt bekomme ich ein Baby, möchte die Katze aber nicht abgeben. Was muss ich beachten?

Ich finde es immer wieder unverständlich, dass Menschen meinen, sie müssten ihre Katze abgeben, nur weil sie ein Kind bekommen. Schön, dass das bei Ihnen nicht so ist und Sie sich dafür interessieren, was es zu beachten gibt. Zunächst einmal sollte vorsichtshalber die Katzentoilette nicht mehr von Ihnen selbst oder höchstens mit Einmalhandschuhen gereinigt werden, um sich nicht eventuell mit Toxoplasmose anzustecken.
Dies ist eine reine Vorsichtsmaßnahme, denn nur mehrere Tage alter Kot ist ansteckend, und den sollte es in einer täglich zweimal gereinigten Katzentoilette gar nicht geben. Da auch eine Infektion über nicht genügend erhitztes Fleisch sowie Gartenarbeit möglich ist, sollte auch darauf verzichtet werden. Der Arzt kann mit einer Blutuntersuchung herausfinden, ob sich bereits Antikörper gegen Toxoplasmose im Blut befinden, sodass eine Gefährdung nicht mehr gegeben ist.
Miranda wird das neue Familienmitglied akzeptieren, wenn man sie nicht vernachlässigt und vor allem nicht bei allem ausschließt, was mit dem Baby zu tun hat. Schließlich war sie bisher die Hauptperson und könnte mit Eifersucht oder Depressionen reagieren, wenn sie plötzlich überhaupt nicht mehr beachtet wird. Das Babyzimmer sollte bereits im Vorfeld eingerichtet werden, damit die Katze sich an all die neuen Möbel und Gerüche gewöhnen kann. Der Besuch von einem fremden Baby kann im Vorfeld hilfreich sein, um zu sehen, wie sie darauf reagiert. Fühlt sie sich durch das laute Geschrei verängstigt? Dann kann sie beispielsweise mit Babygeschrei vom Band vorab desensibilisiert werden.
Wenn das Baby da ist, sich trotzdem genügend um Miranda kümmern und sie mit Leckerchen und Spielen verwöhnen. Ganz wichtig ist, die Katze einzubeziehen und ihre bisherige Routine so weit wie möglich aufrechtzuerhalten.
Eine regelmäßige Entwurmung sowie ein Parasitenschutz sind bei Freigängerkatzen ja selbstverständlich, sodass sie ruhig auch Geruchs- und Körperkontakt mit dem Nachwuchs aufnehmen kann. Vor allem in der ersten Zeit sollte das Baby mit der Samtpfote nicht unbedingt unbeaufsichtigt bleiben. Mit der Zeit wird es entweder ein tolerantes Nebeneinander oder sogar ein harmonisches Miteinander werden.

Felix

Ich habe meinen Kater Felix zwei-, dreimal in den Hausflur gelassen, als die Nachbarn in Urlaub waren. Jetzt kratzt er ständig an der Wohnungstüre und will wieder dort hin. Wir müssen nun auch immer gut aufpassen, wenn wir die Wohnung verlassen wollen, damit er bei dieser Gelegenheit nicht hinausläuft. Das hat er früher nicht gemacht. Wie können wir ihm das wieder abgewöhnen?

Felix verhält sich absolut artgerecht. Gerade Kater wollen ihr Revier regelmäßig inspizieren. Da Sie ihm Gelegenheit gegeben haben, den Hausflur zu erkunden, sieht er ihn als eine Erweiterung seines Heims erster Ordnung und damit als zusätzliches Revier an. Gerade Kater haben dann den Drang dort regelmäßig nach dem Rechten zu sehen. Ein Zimmer oder ein Gebiet, das eine Katze nicht betreten soll, sollte daher möglichst immer unzugänglich sein. Das bedeu-

tet, die entsprechende Zimmertüre immer geschlossen zu halten oder eben der Katze keine Gelegenheit zu geben, nach draußen zu gehen. Jetzt helfen nur noch absolute Disziplin und vor allem Konsequenz von Ihrer Seite. Felix darf nie mehr die Gelegenheit bekommen, in den Flur zu entwischen. Der Zugang muss ihm jederzeit und sehr deutlich verwehrt werden, bis er dieses Tabu irgendwann wieder anerkennt. Eine Ausnahme von der Regel hebt die Regel sofort generell auf. Katzen können nicht verstehen, dass mal etwas erlaubt und dann wieder verboten ist. Sie benötigen klare und eindeutige Richtlinien. Ein Tabu muss daher immer tabu sein.

Bis Felix den Flur und seine Verlockungen »vergisst«, wird es einige Zeit dauern, aber irgendwann erkennt er die neue beziehungsweise alte Regel wieder an. Bis dahin müssen Sie ihm den Ausgang mit einem strengen NEIN! und gegebenenfalls einem Wegschieben oder Wegtragen verwehren. Ignorieren Sie sein Kratzen an der Türe, beziehungsweise lenken Sie ihn beispielsweise ab, indem Sie dann ein Bällchen in eine ganz andere Richtung werfen oder ihn zu sich rufen und ihm ein Leckerchen geben. Passen Sie einmal nicht auf und Felix kann entwischen, müssen Sie im Prinzip wieder bei Null anfangen.

Mimmi

WENN ICH MIT MEINER KATZE MIMMI SCHIMPFE, ERKLÄRE ICH IHR IMMER GANZ GENAU, WAS SIE FALSCH GEMACHT HAT UND DASS SIE DAS NICHT DARF. ES ÄRGERT MICH SEHR, DASS SIE DANN EINFACH DEMONSTRATIV WEGSCHAUT UND BEI DER NÄCHSTEN GELEGENHEIT WIEDER ETWAS VERBOTENES MACHT. WARUM HÖRT SIE NICHT AUF MICH?

Es ist ganz einfach, Mimmi kann Sie nicht verstehen. Wenn wir auf eine Katze einreden, ist das so, als würde mit uns jemand in einer fremden Sprache sprechen. Dabei würden die meisten von uns auch kein einziges Wort verstehen. Katzen können sich den Klang bestimmter Worte, die immer wieder in einem bestimmten Zusammenhang benutzt werden, merken und entsprechend reagieren. Bei ganzen Sätzen, geschweige denn Romanen, Monologen, Schimpftiraden oder ausschweifenden Erklärungen kapieren sie nichts. In der Erziehung ist außer Konsequenz ganz wichtig, immer ein (!) Signalwort oder Kommando zu verwenden. Dies kann beispielsweise ein strenges NEIN! sein, eventuell in Verbindung mit einem erhobenen Zeigefinger, denn Körpersprache verstehen Katzen gut.

Reagiert die Katze nicht und bleibt beispielsweise auf dem Esstisch hocken, wird sie demonstrativ, aber ohne Gewalt oder Wut, mit einem NEIN! heruntergehoben und auf den Boden gesetzt. So begreift sie, was gemeint ist, und ihr wird ein entsprechendes Alternativverhalten aufgezeigt, was sie stattdessen tun soll. Es ist daher auch ganz wichtig, Katzen zu loben, wenn sie etwas richtig machen. So lernen sie zu unterscheiden, was ein unerwünschtes und was ein erwünschtes Verhalten ist.

Mimmi versteht zwar nichts von dem, was Sie ihr sagen, aber sie erkennt am ungehaltenen Tonfall, dass Sie wütend sind. Um zu beschwichtigen, vermeidet sie daher den Blickkontakt, was unter Katzen eine zusätzliche Provokation bedeuten würde, und schaut zur Seite oder dreht Ihnen sogar den Rücken zu. Man darf das nicht vermenschlichen und als Missachtung deuten. Katzen können nur auf ihre eigene Weise mit uns kommunizieren. Unsere Moralvorstellungen, Regeln und Verhaltensmaßstäbe sind ihnen einfach fremd. Mimmi verhält sich also keinesfalls respektlos oder ignoriert Verbote, sondern sie hat sie einfach nicht verstanden. Es muss ihr einfach auf für sie verständliche Weise vermittelt werden.

Kapitel 18 | Die Vermenschlichung einer Katze

Eine Katze hat aus ihrer kätzischen und subjektiven Sicht immer einen absolut guten Grund, warum sie sich auffällig verhält. Es ist niemals (!) Protest, Rache oder Provokation. All das sind ausschließlich menschliche Beweggründe, die eine Katze nicht kennt. Das Einzige, was man einer Katze unterstellen kann, ist eine gehörige Portion (gesunder) Egoismus. Ihr geht es stets darum, sich wohl und sicher zu fühlen sowie gut versorgt zu sein und alles zu haben, was sie braucht. Ich empfinde das als völlig legitim, und in meinen Augen geht jeder Mensch, der sich eine Katze anschafft, diese Verpflichtungen ein. Wenn er dazu nicht bereit ist, sollte er es besser bleiben lassen.

Problematisch wird es für mich, wenn ich erfahre, dass eine Tierärztin (!) einer Katzenhalterin empfohlen hat, ihre Katze »mal für zwei Wochen ins Tierheim zu stecken, damit sie danach zu schätzen weiß, wie gut sie es zu Hause hat und aufhört, in die Wohnung zu urinieren«. Oder, wenn eine Tierheimleiterin (!) das Gleiche empfiehlt, damit sich ein Kater »dort einen Kumpel aussuchen kann«. Abgesehen von dem Trauma für den Kater, würde er sich in seinem eigenen Revier dem Artgenossen gegenüber wieder ganz anders verhalten. Ist diesen »Fachleuten« gar nicht bewusst, was sie mit ihrem unsinnigen Rat alles anrichten können?

Um absolute Vermenschlichung handelte es sich bei einem Fall mit einer spielerischen Aggression bei Kater Floh. Hier war ein vierseitiger Therapieplan notwendig, um der Familie ganz genau zu erklären, dass sie das Verhalten ihres Katers vollkommen menschlich interpretierten und sich auch entsprechend ihm gegenüber verhielten, sodass es auf beiden Seiten permanent zu Missverständnissen kam. Im Leben des Katers war von Anfang an alles schief gelaufen, was möglich war. Er hatte schlechte Erfahrungen mit Menschen gemacht und durch eine zu frühe Trennung auch nur unzureichende mit seiner Mutter und den Geschwistern. Er war einerseits ziemlich unsicher, andererseits ein Rabauke, was durch die Familie auch noch unwissentlich gefördert und verstärkt wurde. Als Kitten durfte er sie nach Herzenslust beißen und kratzen, was zudem durch wilde Jagdspiele noch unterstützt wurde. Sie stellten sich Floh regelrecht als Beuteersatz zur Verfügung.

Tagsüber war der arme Kerl ganz alleine, und wenn seine Menschen endlich nach Hause kamen, suchte er natürlich ständig Kontakt, was als »Belästigung« bewertet wurde. Aufgrund mangelnder Erziehung sprang er beim Essen auf den Tisch, da es ihm nie konsequent verboten wurde. Auf Angriffe und Grobheiten beim Streicheln wurde mit lautem anhaltenden Schimpfen oder einem »Klaps auf den Po« reagiert, was für den Kater eher ein Anfeuern bedeutete beziehungsweise gar nicht einzuschätzen war, da Katzen sich untereinander nicht so verhalten. Die Hand oder den Fuß bei einem Biss wegzuziehen, ist zwar einerseits verständlich, andererseits verhält sich Beute genauso und verführt darum erst recht. Es wurden ihm einerseits nie Grenzen gesetzt, aber andererseits wurde er mit Zwang gepackt und festgehalten, was ihn dazu brachte, sich zu wehren, wenn er auf den Arm genommen wurde.

Ein fixierender Blickkontakt ist eine Provokation unter Katzen, und wenn der Mensch zurückstarrt, nimmt er die Kampfansage an. Floh wurde gesagt, »er solle das lassen, aber das interessierte ihn gar nicht«. Wenn man sich gemütlich hingesetzt hätte und seine Ruhe haben wollte, würde man plötzlich von ihm »völlig ungerechtfertigt attackiert, obwohl man doch gar nichts getan hätte«. Das Verhältnis zum Kater wurde als »normal« bezeichnet. Dabei hieß es, der Kater »dominiere die Familie«, und auf Rückfrage: »Er be-

Katzen können nicht lesen und kennen daher keine menschliche Moral.

stimmt, wann wir aufzustehen haben. Dabei will man doch am Wochenende mal länger schlafen, aber das interessiert ihn einfach nicht.« Auf die Frage, ob Floh manchmal wirke, »als sei ihm langweilig«, kam die Antwort: »Nein, ist mir so noch nicht aufgefallen.« Ich gehe davon aus, dass sich hier weitere Erklärungen erübrigen, oder?
Der extremste Fall von Anthropomorphismus, also dem Vermenschlichen einer Katze, indem ihr menschliche Eigenschaften und Verhaltensweisen zugeordnet werden, in meiner Praxis war die Frau, die sich darüber beschwerte, dass ihr Kater »wie ein Mann (!) nur an sich denke, auf seinen Vorteil bedacht wäre und sich rücksichtslos benähme«.

Er verlange jedes Mal lautstark sein Futter und würde anschließend kein Anzeichen von Dankbarkeit erkennen lassen. Überhaupt würden ihn ihre Bedürfnisse und Wünsche gar nicht interessieren. Er würde nachts ganz laut und ungeniert neben ihr schnarchen und keine Rücksicht auf ihren Schlaf nehmen, was er sich bei ihrer Mutter nie erlaubte. Dass dies ein großer Vertrauensbeweis ist, weil er nur in ihrer Nähe so vertrauensvoll in Tiefschlaf fiel, und dass alle anderen aufgeführten Punkte ein typisch kätzisches Verhalten waren, begriff sie nicht. Diese Frau verstand gar nicht, was ich mit »Vermenschlichung« meinte. Hier traf der Begriff »Partnerersatz« absolut zu – vor allem sollte der Kater zudem noch ein idealerer Partner sein als ein »normaler« Mann.

Eine Katze ist eine Katze!

Ich versuche, immer einfühlsam und verständnisvoll zu sein, weil ich es zu schätzen weiß, wenn jemand bereit ist, für seine Katze professionelle Hilfe zu suchen.
Fast alles geschieht einfach aus Unwissenheit oder aufgrund falscher, immer noch propagierter Empfehlungen. Den Katzenhaltern ist oftmals gar nicht bewusst, was sie ihrer Katze zumuten, oder sie wissen sich einfach nicht anders zu helfen.

Um zum Schluss noch einmal zwei häufige Missverständnisse aus der Welt zu räumen: Anstatt sich über »den verschlagenen Blick« seiner Katze zu beschweren, sollten Sie es zu schätzen wissen, wenn Ihre Katze Sie mit leicht zusammengekniffenen Augen anschaut. Dieses Blinzeln ist das »Lächeln« der Katzen, das sie untereinander als Beschwichtigungsgeste und dem Menschen gegenüber als Zuneigungsbeweis einsetzen. Es handelt sich auch nicht um »gelangweiltes und ignorantes« Wegschauen, während Sie mit Ihrer Katze schimpfen. Die Katze benutzt auch diese Geste zur Beschwichtigung, um Sie nicht durch direkten Blickkontakt weiter zu provozieren und zu reizen, so wie es unter Katzen üblich ist.

Die Liebe einer Katze …
ist wie die eines Engels

Petra Twardokus

Wir werden Katzen einfach nicht gerecht, wenn wir ihr Verhalten fälschlicherweise vermenschlichend interpretieren. Wir tun ihnen dann häufig bitter Unrecht und missachten ihre wahren Beweggründe. Eine Katze empfindet ganz anders und hat eine andere Sicht auf und über die Welt. Sie kann mit unseren Vorstellungen von Moral, Anstand und Höflichkeit sowie unrealistischen Erwartungen nichts anfangen. Darum ist es so wichtig, ihre tatsächlichen Bedürfnisse zu kennen, um diese dann zu erfüllen, und nicht aus menschlicher Sicht zu meinen, sie hätte doch alles, was wolle sie denn noch. In meinen Büchern *»Coaching für Katzenhalter«* und *»Katzen in die Seele schauen«* habe ich sehr viel Wissen über die Bedürfnisse, das Verhalten und Seelenleben unserer Samtpfoten weitergegeben. Wir müssen einfach lernen, ihr Verhalten richtig zu interpretieren und uns in ihre Lage zu versetzen. Verständnis, Einfühlungsvermögen und echte Zuneigung – all das ebnet uns den Weg zu einer wahren Beziehung mit einer Katze. Und Katzen wissen das sehr zu schätzen, danken es uns schnurrend und mit bedingungsloser Liebe.

Schlusswort

Ich höre sehr viele Geschichten und erfahre unzählige Erlebnisse mit Katzen. Sie sind interessant, spannend, empörend, bedrückend, erheiternd, einfach nur schön und manche gehen richtig ans Herz.

Ein sehr netter Klient, ein reizender Herr alter Schule, erzählte mir einmal, dass seine Katze ihm das Leben gerettet habe. Am Heiligen Abend entdeckte er auf einem schneebedeckten Feld eine angebundene Katze. Er stieg sofort aus und nahm sie mit nach Hause. Von da an war sie seine treue Begleiterin. Als einige Zeit danach seine Frau starb, konnte er dies nicht verwinden. Es kam der Tag, an dem er wie in Trance am Küchentisch saß und zu einem Messer griff, um seinem Leben ein Ende zu machen und seiner geliebten Frau zu folgen. Da sprang die Katze ihm »auf den Buckel«, stieß mit ihrem Kopf gegen den seinen und schrie dabei erbärmlich, wie sie es nie zuvor getan hatte. Diese Berührung und das Katzengeschrei holten ihn wieder in die Welt zurück. Er kam zur Besinnung und konnte sein Vorhaben nicht mehr durchführen. Er war ihr dafür unglaublich dankbar, und das Verhältnis zwischen den beiden wurde seitdem noch inniger. Als er mir davon berichtete, bekam ich eine Gänsehaut. Unsere Tiere haben ein unglaublich feines Gespür und besondere Fähigkeiten.

Als die Samtpfote eines Tages spurlos verschwand, setzte er alles daran, um sie wiederzufinden und scheute keinerlei Mühen. Tatsächlich fand er sie nach ein paar Tagen in einem Tierheim im nächsten Ort. Leider verlor er seine geliebte Gefährtin einige Zeit später völlig unerwartet durch einen Autounfall. Ich konnte so gut nachempfinden, wie sehr er um sie trauerte. Um so mehr freute ich mich, als er sich bald darauf entschloss, einem Kater aus dem besagten Tierheim ein neues Zuhause bei sich zu geben, damit zwei Seelen wieder glücklich und gemeinsam durchs Leben gehen konnten.

Vielen Menschen konnte ich bisher durch Therapien, Beratungen und mit meinen beiden ersten Bücher, dabei helfen, ihre Katzen und deren Verhalten besser zu verstehen. Das Seelenleben unserer Samtpfoten birgt jedoch auch für mich immer noch Geheimnisse. Ich möchte darum gerne ein Katzenverhalten beschreiben, das mir, anderen Katzenpsychologinnen und Tierärzten Rätsel aufgibt, weil wir den Grund beziehungsweise die Bedeutung dafür bisher alle noch nicht herausfinden konnten.

Ich kenne es aus erster Hand von meinem eigenen Kater, aus Schilderungen einer befreundeten Kollegin, einer Züchterin und vom Anruf einer Österreicherin vor kurzem. Dabei gibt es immer einen Bezug zu einem ganz bestimmten Gegenstand: Bei meinem Kater ist es eine Art Fellschwanz, ein Plüsch-Iltis oder so etwas Ähnliches, bei Kater Apollo ist es ein ganz bestimmtes Bällchen, bei der österreichischen Katze sind es Wäschestücke der Halterin. Alle Katzen beschäftigen sich intensiv damit, hocken sich manchmal darüber, tragen es zeitweise sogar im Maul herum, und geben jammernde, klagende Laute von sich. Die jeweilige Zweitkatze horcht höchstens kurz auf, aber ignoriert dieses Vokalisieren dann völlig, nach dem Motto: »Ach, darum geht es.« Sie kennt wohl die Bedeutung, die wir leider nicht wissen.

Da es nicht geschlechtsspezifisch ist, sondern sowohl von (kastrierten) Katern als auch von Katzen ausgeführt wird, scheidet ein sexueller Hintergrund aus. Außerdem verläuft der Paarungsakt bei Katzen lautlos, bis auf den Schrei der Katze, wenn der Kater seinen mit kleinen Widerhaken besetzten Penis herauszieht.

Auch ein entsprechendes mütterliches Verhalten, als handele es sich bei dem Gegenstand um ein Kitten, ist daher nicht die Ursache. Es hat ebenso wenig etwas mit einem nach Aufmerksamkeit verlangendem Verhalten zu tun. Wenn die Halterin zu ihrer schreienden Katze geht, hört diese zwar meist damit auf, beginnt aber kurz danach wieder. Wenn man sie ruft und aus der Entfernung mit ihr spricht, beeinflusst dies das Verhalten nicht weiter. Nur manchmal kommt mein Kater maunzend zu mir gelaufen, wenn ich immer wieder rufe: »Ja, was ist denn los? Was hast Du denn? Warum musst Du denn so jammern?«. Wird dieses Verhalten einfach ignoriert, wird es irgendwann beendet. So jämmerlich es klingt, die Katzen leiden dabei nicht. Das Klagen bricht nach einer gewissen Zeit unvermittelt von selbst ab, und die Katzen verhalten sich wieder ganz normal und so, als wäre nichts gewesen.

Dauer und Häufigkeit sind vollkommen unterschiedlich. Der Gegenstand kann sonst ruhig herumliegen, ohne weiter beachtet zu werden. Auffällig ist allerdings, dass es sich bei allen Katzen um Britisch Kurzhaar handelte. Die Bedeutung dieses Verhaltens bleibt jedoch ein Rätsel, das ich zu gerne eines Tages doch noch lösen möchte.

In vielen anderen Punkten ist das Seelenleben der Samtpfoten für mich vollkommen verständlich und gut nachvollziehbar. Mit genügend Einfühlungsvermögen und einigem Hintergrundwissen kann jeder seine Katze verstehen – meistens jedenfalls.

Katzen können uns nicht sagen, was sie möchten, brauchen oder worauf sie aufmerksam machen möchten. Sie können es nur zeigen, aber nicht mit den uns Menschen vertrauten Gesten, sondern nur mit ihren kätzischen. Manchmal müssen Katzen auf bestimmte Missstände sehr deutlich hinweisen, weil wir sonst einfach darauf nicht aufmerksam werden. Katzen sind auf uns angewiesen.

Daher glaube ich nicht, dass sie uns »als ihr Personal« ansehen, sondern einfach nur unsere Unterstützung brauchen und uns auf ihre Weise darum bitten. Ich empfinde es auch nicht so, dass sie nicht dankbar dafür sind, aber sie zeigen es eben auf ihre eigene Art. Manches ist für sie wohl einfach auch selbstverständlich, weil sie es einfach nicht selbst bewerkstelligen können, auch wenn sie es gerne täten.

Mein Kater will beispielsweise manchmal nicht dort fressen, wo ich ihm sein Futter gebe. Er geht zu einer anderen Stelle und setzt sich hin. Wenn er es dann dort bekommt, frisst er es auch. Als ich das einer Hundetrainerin gegenüber erwähnte, die selbst Katzen hat, meinte sie empört, von ihr würde er dann nichts mehr bekommen. Warum sollte ich so denken? Ich sehe es vielmehr so, dass ihm diese Stelle aus welchen Gründen auch immer in diesem Moment nicht angenehm war. Er kann jedoch sein Essen nicht nehmen und einfach woanders verspeisen, so wie wir Menschen es tun können. Also mache ich es für ihn. Ich muss doch nicht immer meinen eigenen Willen durchsetzen. Wie viele Tiere werden beschimpft oder sogar bestraft, nur weil ihre Beweggründe für etwas nicht erkannt werden können. Ich bin der Meinung, Tiere haben immer einen Grund für ihr Verhalten oder für ein Bedürfnis. Das sollten wir akzeptieren und sie nicht einfach dafür verurteilen.

Es liegt einfach nicht in ihrem Verhaltensrepertoire, mit der Pfote auf eine geschlossene Türe zu zeigen, wie wir es tun würden. Sie setzen sich stattdessen direkt davor und starren darauf, um zum Ausdruck zu bringen, dass sie hinaus möchten. Wenn das nicht reicht, kratzen sie irgendwann daran oder miauen, weil wir ihren Wunsch sonst einfach nicht beachten. Wird die Katze dann hinaus gelassen, kommt aber sofort wieder hinein, ärgert das manche Menschen. Dabei hat die Katze ihr Bedürfnis, kurz ihr Territorium draußen zu inspizieren, bereits befriedigt. Trotzdem kann es aber auch sein, dass sie kurz darauf wieder hinaus will, was dann erst recht Unverständnis auslöst und als lästig empfunden wird. Sie hat aber einfach nur etwas »vergessen« zu kontrollieren oder hat einen anderen Grund dafür.

Wir sollten nie vergessen, dass wir immer unseren freien Willen haben, tun und lassen können, was wir wollen und unsere Bedürfnisse jederzeit stillen können. Katzen können das nicht. Sie sind in dieser Hinsicht von uns abhängig. Wir haben sie in den meisten Fällen freiwillig zu uns geholt und sind darum meiner Ansicht nach auch für sie und ihr Wohl verantwortlich.

Eine Katzenhalterin beschwerte sich bei mir darüber, dass ihre Katze sie regelrecht »anschnauzen« würde, mit einem sehr fordernden und quengeligen Miauen, damit sie ihr schneller ihr Futter gäbe. Ich musste lachen, weil ich aus eigener Erfahrung genau wusste, was sie meinte, denn mein Katzenmädchen macht es genauso. Man kann es aber auch einfach als Vorfreude auf eine leckere Mahlzeit verstehen, denn alles ist immer eine Frage der Interpretation. Es bleibt doch wiederum dem Menschen überlassen, ob er sich antreiben lässt oder nicht. Es ist doch immer unsere Entscheidung, ob wir einem Begehren unserer Katzen nachgeben oder nicht. Wenn wir uns von ihnen unter Druck gesetzt oder genötigt fühlen, ist dies nur unsere subjektive Einstellung dazu. Dass Katzen versuchen, ein Anliegen durchzusetzen, ist doch legitim und verständlich. Ob wir dem jedoch nachkommen, ist unsere freie Entscheidung.

Mein Ziel ist es, zusammen mit den Tierpsychologen, die ich ausbilde, möglichst viele Tierhalter darüber aufzuklären, was ihre Tiere brauchen, warum sie sich so verhalten, was sie zum Ausdruck bringen möchten und was für sie wichtig ist, denn was wir verstehen und nachvollziehen können, verurteilen wir nicht mehr.

Ich hoffe, dass ich Ihnen neue und tiefere Einblicke in das Seelenleben Ihrer Samtpfoten geben konnte und Sie sich nun noch besser in sie einfühlen können.

Alles Liebe und Gute

Petra Twardokus

Die Katzenpsychologin und Verhaltenstherapeutin **Petra Twardokus** ist aus TV-Sendungen sowie durch Artikel in Katzen- und Haustierzeitschriften bekannt. Sie veröffentlichte bereits die Bücher *»Coaching für Katzenhalter«* und *»Katzen in die Seele schauen«*.

Neben der Beratung von Katzenhaltern bildet sie im von ihr gegründeten P. T. Institut mit dem staatlich zugelassenen Fernlehrgang *»Psychologie und Verhaltenstherapie der Katze«* zum Katzenpsychologen aus. Das Angebot beinhaltet darüber hinaus eine Bachblütentherapie-Ausbildung, verschiedene Fernkurse sowie Seminare für interessierte Katzenhalter. Mittlerweile bietet die erfahrene Tierpsychologin auch Ausbildungen in Hunde- und Pferdepsychologie an.

Nähere Informationen finden Sie unter

www.katzenpsychologie.com

oder beim

P. T. Institut
Telefon 02 08 – 3 77 38 92
info@katzenpsychologie.com